投機全攻略

達到長期的正回報

陳偉民 著

策馬文創 RIDING 策馬出版

目錄

前言 / vi

**第一章　你是在投資？投機？
　　　　還是賭博？** / 001

網上流傳的故事 / 003

故事帶來的思考 / 004

數學與賭博的關係 / 006

分清賭博、投機、投資 / 008

自我檢討 / 012

第二章　你適合投機嗎？ / 015

問題一：如何看待專家意見？ / 017

問題二：如何作出理性的預期？ / 019

問題三：是否能夠獨立思考？ / 021

問題四：是否能夠果斷行事？ / 022

問題五：能否突破自我？ / 027

自我檢討 / 033

第三章　你明白投機的原理嗎？ / 037

了解交易市場中的人性 / 039

抓緊市場升跌趨勢 / 040

發展適合自己的交易系統 / 041

自我檢討 / 043

第四章　如何發展適合自己的
　　　　交易系統？ / 045

必要條件一：保本至上 / 047

自我檢討 / 053

必要條件二：價量分析 / 054

自我檢討 / 071

必要條件三：輸少贏多 / 072

自我檢討 / 081

必要條件四：時間架構 / 082

自我檢討 / 088

必要條件五：不斷改進 / 089

自我檢討 / 102

第五章　發現機會 / 103

英國脫離歐盟 / 105

特朗普成為美國總統 / 107

2008 年全球金融海嘯 / 109

自我檢討 / 113

第六章　心動不如行動 / 115

第一階段：模擬訓練 / 117

第二階段：保本訓練 / 117

第三階段：增長訓練 / 118

自我檢討 / 120

第七章　最後的忠告：拒絕無知 / 121

誰令自己無知？ / 123

人貴乎自知 / 126

參考資料 / 144

前言

無數人都希望擁有更多的財富，尤其在手頭有一些現金時，都想著要以錢賺錢，於是投資致富的念頭便油然而生。如果你是有經驗的投資者，請重新思考以下的問題，才繼續你的投資。

在投資的過程中，你是靠什麼準則來決定買或賣？

在投資的經驗中，你真的能做到低買高賣或高賣低買嗎？

在投資的結果中，你賺錢的總數是否遠高於虧錢的總數？

在投資的感受中，你愉快的時間是否遠多於痛苦的時間？

其實，大部份人的投資結果總是輸多贏少。根據過去的統計數據顯示，外匯或黃金市場的投資者，輸的機率是 90%；股票市場好一點，但輸的機率還是超過 80%。那麼，投資房地產的回報會否好一些？從歷史的經驗看，每次房地產泡沫爆破後，不少人持有的物業貶值，變成負資產，有能力的只好繼續供款，沒有能力的惟有賤賣物業或宣告破產。大家有沒有細想一下，一般人所做的所謂投資行為，真的是投資嗎？還是他們所做的其實是投機？最危險的是，很多人原來在賭博卻不自知，還美化自己的行為是投資。

買賣過程中，最核心也最直接的做法，就是買入獲利（即低買高賣）或沽空獲利（即高賣低買）。道理既然那麼簡單，賺錢應該是很容易的事吧！如果你真的是這樣想，就不要學習投機了。坦白說，要在投機中得到長期的正回報，是一個漫長而刻苦的訓練過

程，如何抉擇取捨，因人而異，當中包含了興奮、失落、沮喪、枯燥、交戰、無奈等心路歷程；不過，即使經過這樣一番痛苦的煎熬後，也不保證有理想的回報，甚至更有可能把大部份的血汗錢輸掉。

本書的目的，就是讓每一位準備以錢賺錢的人，先認清自己賺錢的方式與行為，是不是在投資，還是在投機或賭博。儘管大家未必一定做到真正的投資，但起碼也要懂得投機的策略與技巧。如果真的要進行投機，也要確保不可以輸掉大筆金錢，並要做到輸少贏多，這樣才可以取得長期的正回報。另外，如果還不明白什麼是投機的話，或者，想了解自己是否適合投機，這本書都可以給你多角度的啟發與指導。

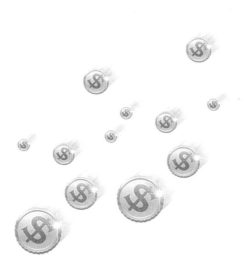

第一章

你是在投資？投機？還是賭博？

網上流傳的故事

十多年前，香港有一位筆名叫火燎森的年青人，網民都讚譽他為「少年股神」。2003 年，這位年輕投資者，認定當時人所共知的世界首富股神巴菲特（Warren Buffett）大手買入了在香港上市的中國石油股份（港交所代號 00857.HK），於是他也跟著大量買入。

據說這位少年股神的資金來源，主要是從信用卡的現金借貸得來。他申請了超過十幾家銀行的信用卡，以透支的錢作買入股票的資金。如信用卡的欠款已到期而急需繳付，他選擇還最低還款額，並同時申請其他銀行的信用卡繼續再透支。他用這個方法，一直堅持到 2007 年巴菲特開始賣出中國石油股份，這時他也跟著在高位全數沽出，套現超過一千萬港元。當時的他只有 27 歲，數年間成為了千萬富翁。他的故事也在網上瘋傳，不同的傳媒也爭相訪問他的投資心得。

故事帶來的思考

1. 你認為少年股神當時的行為是投資、投機或賭博呢?

　　坊間一般的說法認為短時間的買賣是投機,長時間的持有是投資。那麼如果用時間長短來衡量,少年股神從 2003 年開始持股到 2007 年,足足有四年時間,算是投資嗎?又如果繼續持股作長線投資,踏入 2007 年第四季時,港股最高升至恒生指數 31,958 點歷史最高位,但從當年 11 月開始,直至 2008 年 10 月,恒生指數大跌至 10,676 點。中國石油股份從 2007 年 11 月高位 20.25 港元,一直大跌到 2008 年 10 月時的 4.05 港元,那麼,少年股神的一千萬港元便縮水八成約只有 200 萬港元。到 2016 年底,中國石油股份的股價一直都未能超過 7 港元。所謂投資應以長線為準,又是否可取?

2. 股神巴菲特不是一直奉行長線投資嗎?

　　巴菲特的投資哲學及方法,被很多人奉為金科玉律,如他其中的一項必勝策略──**終生持有**。但事實上,股神所買的股票是不是真的終生持有?中國投資者最熟悉的事件,莫過於

2003 年巴菲特以每股平均價 1.65 港元買入中國石油股份，投資動用的資金總共 32 億港元。但在 2007 年 7 月，股神卻以 12.44 至 13.47 港元全數沽清，當然他大賺了 277 億港元，一共約九倍的回報。不過，他持有這隻股票不超過五年，就全部賣出，並非終生持有。還有很多例子，如在 1980 年，他買入美國鋁業（Alcoa Inc.）的股票，持有兩年就賣出；在 1996 年，他買入麥當勞（McDonald's Corp.）的股票，持有一年就賣掉。所以不要誤會，股神也因不同的考慮而作短線炒賣。巴菲特一直奉行長線投資而聞名於世，但在行動上，他也經常因價位的變動而作短線的投機。那麼，短線投機有錯嗎？

3. 最忌誤把賭博當投資

　　回看前述的少年股神，他在大學時是修讀會計的，卻能無視信用卡透支的超高利率、透支額的利息以利疊利計算，跟從巴菲特買入中石油的股份。對一般消費者來說，用信用卡的透支已屬不智，更可況用數十張信用卡的透支額來買股票；而最令人費解的是，少年股神甘冒這樣大的風險，而理據只不過是因為股神也買入同一隻股票。**這種用借來的錢跟風買入股票，算不上是投資，只可視作賭博，甚至豪賭。**大家都明白，如果

股價不升反跌，資金無法周轉，信用卡公司就會追債，這時拋售股票也於事無補，直接說就是賭輸了，最壞的情況是有可能要面對不能承擔的後果——27 歲便宣佈**破產**。

　　大家不要遺忘巴菲特也奉行的另一個投資大原則：「**千萬不要用借來的錢去投資。**」那麼，少年股神為什麼選擇性地跟隨巴菲特的投資原則？其實，跟隨巴菲特的投資原則和方法，又是否適合每個人呢？

數學與賭博的關係

　　有些人聽見數學兩個字都會有一種抗拒感，覺得非常艱深，認為只有專業人士才懂得當中的原理。如果你是抱著這個想法，最好也是不要學習投機好了。明白基本的數學觀念，有助你分清什麼算是投資，又什麼算是投機或賭博。

　　其實，數學與賭博有著微妙的關係，各種賭博玩意皆可用或然率分析，算出贏錢或輸錢的機會。曾在麻省理工學院任教的數學家索普（Edward Thorp）在上世紀六十年代，用數學分析玩 21 點的最佳策略，並親身到拉斯維加斯賭場實踐，贏了大

錢。為何索普只研究 21 點，而不是輪盤、大細或吃角子老虎機呢？原因就是**機率**。

大部份在賭場中的賭博遊戲都是隨機的，加上賭場也會設定不同的規則，來確保自己在賭局中的長期優勢。例如，輪盤共有 38 格，每格刻有號碼 1 到 36，其中 18 格是紅色數字，另外 18 格是黑色數字。那麼，還有兩格是什麼？是 0 和 00，綠色的。無論賭客買紅色或黑色，出現的機率總是 18/38（47.4%），低於 50%，買紅色和買黑色的整體機率便是 94.74%。長期而言，賭場的勝算便多了 5.26%，主要是靠加多了兩格綠色。

但是，21 點的玩法是可以有利賭客的，一副牌有 52 張，裏面只有 4 張 A，一開始派牌時，第一張牌是 A 的機率是 4/52（7.69%）。如果第一張 A 已出現了，出現第二張 A 的機率便變成 3/51（5.88%），明顯地出現了一張牌後，便改變了另一張牌出現的機率。正因為可以計算機率，便吸引了索普運用電腦程式，計算出打敗 21 點的策略。可是，賭場後來改用六副牌來增加計算機率的難度。

2017 年 1 月，美國賓州匹茲堡 Rivers 賭場舉行了馬拉松式德州撲克比賽，經過二十多日賽程，卡內基梅隆大學研發的人工智慧程式 Libratus 擊敗四名世界級職業撲克牌手，贏取高達

170 萬美元的籌碼。問題是：如果是有策略和計算機率的賭博，還算是賭博嗎？

要認清自己以錢賺錢的行為，必須先明白賭博、投機和投資的特質，才不會人云亦云，參與幾乎沒有勝算及優勢的所謂「投資」。

分清賭博、投機、投資

1. 賭博

賭博是指參與的人只靠運氣，並沒有考慮機率，處於必輸無疑的處境而不自知，還因情緒而不理會風險去投入資金。

最常見的是在賭枱上下注「大細」，很多人會因連續十次開出來的點數都是「大」，而主觀認為下一次開「細」的機會比較高。其實，理智地想一想，就會發現每一次開出來的結果都是獨立的，前一次與後一次之間是沒有關係的。不過，有人就是不相信這個道理，一直下注買「細」，結果把錢輸光了，還是不服氣，仍然弄不清為何隨後連續開出來的結果都是「大」。有些人甚至不服輸，借錢再下注，結果當然是欠下一身的賭債。

2. 投機

參與投機的人會先深入了解市場有關的規則與機制，再詳細研究過去的數據作為計算機率的基礎；在實際行動前，必用模擬的方式來證明所用的方法是有正回報的，並嚴格遵守止蝕及資金管理來避免嚴重虧損而出局，一定在有優勢的情況下才出手。

2017 年初，在香港上市的金沙中國有限公司（港交所代號 01928.HK）公佈業績時，解釋業績不佳是受一位女士幾乎日日贏錢所拖累，該名女士一共贏走了超過一億港元，事後傳媒爭相報導該女賭神的身份與事蹟。盛傳她有三大絕招：一是忍，據說她十分有耐性，當發牌的荷官洗牌後，她不會輕易決定下注，而會叫荷官飛牌，直到讓她看準為止，有時荷官飛牌達到三十多次，而且她還喜歡經常換牌。二是狠，所謂狠的意思是說，她每次下注都是下最高注，比如某一注最高限額是三百萬注碼，她很少會用一百萬、兩百萬下注。三是贏大錢，比如她帶了二千萬賭本，那麼她肯定不會贏三千萬就走，而是會贏到六千萬，甚至更高，直到她認為不能贏的時候，她才會收手。但有很多人賭錢一般贏了一點錢就走，生怕輸掉贏回來的錢，甚至輸光帶來的錢。但她不會這樣，她會乘勝追擊，直到贏到

大錢。這種有策略、有技巧的賭博行為，應該不算是賭博，而是投機吧。

3. 投資

所謂投資是將可承擔風險的資金投放在實體業務中，而產生有價值的產品或服務，最終可賺取相關的回報。至於低買高賣或高賣低買資產，甚至買賣相關合約或衍生工具，謀取利潤，並不是投資。

其實，股票的功能應該是在市場中融資，而投放資金的股東，應該是看好有關業務，希望藉投資來分享利潤。但是，很多人在股票市場中只是進行買賣，但求賺取差價，這種股市行為，只可算是投機。至於買樓收租，應算是投機還是投資呢？提供住所也是有價值的服務，當然是投資；炒賣樓房就一定是投機了。但是，加大借貸、不問風險，便淪為賭博了。只靠消息買賣股票，對於買入股票的公司是從事什麼業務都不知道，既不是投資，也不是投機，只是在賭博。

既然在房地產、債券、股票、外幣及商品市場中進行的所謂「投資」，其實大部份都是低買高賣或高賣低買的投機行為，

不如我們就好好掌握投機的原理與方法，名正言順地以投機來
獲利吧！

延伸學習

Edward Thorp, *A Man for All Markets*. New York: Random House,
2017.

Thorp 於 1959 至 1961 年在麻省理工學院（MIT）擔任客
席數學教授，期間利用 IBM 704 電腦編寫 Fortran 程式，把凱
利公式（Kelly Formula）應用於 21 點（Blackjack）賭局。他所
創辦的對沖基金 Princeton Newport Partners（1988 年已結業），
從 1967 年以 Convertible Hedge Associates 名稱面世（1974 年改
名為 Princeton Newport Partners）至 1977 年，十年總回報高達
409%，未扣除管理費年均回報 17.7%，扣除後則年賺 14.1%。

自我檢討

我對賭博的認識足夠嗎？還需要進一步了解什麼？

_____

_____

_____

_____

_____

我對投機的認識足夠嗎？還需要進一步了解什麼？

_____

_____

_____

_____

_____

_____

我對投資的認識足夠嗎？還需要進一步了解什麼？

_____

_____

_____

_____

_____

_____

_____

_____

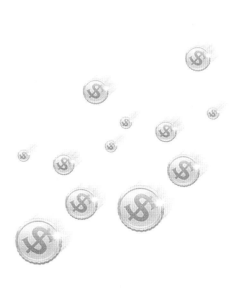

第二章

你適合投機嗎？

如果你真的想掌握如何投機，便先要好好了解自己，正所謂：「知彼知己，百戰不殆。」以下有兩部份的問題，你要如實地、無需太多思索地回答。第一部份是關於你在生活中的判斷或行為，另一部份是假設你在買賣股票的情況下做的決定。讓我們一起來開始吧！

問題一：如何看待專家意見？

在生活中：你在網上看到一些各類型的權威報告，會否完全接受？又會否與其他人分享呢？

買股票前：你認為參加課程或得到專家的意見後才買股票，會提高你賺錢的機會嗎？

§ 拆解

曾經有一個實驗，測驗一組受試者聽完一段故事的介紹後，回答一條簡單的問題。故事的主角名字叫 Linda，單身女士，大膽敢言又冰雪聰明；讀大學時主修哲學，高度關注各種歧視和社會不公義的議題，曾參與反核示威。實驗設計者交代

過 Linda 的背景後，要求接受測試者回答以下一條問題：Linda 較大可能從事什麼職業？

　　答案 A：銀行櫃位服務員
　　答案 B：活躍參與女權運動的銀行櫃位服務員

　　結果，多數的受試者選擇答案 B，這反映出實驗設計者所提供的背景資料會影響受試者的決定。其實答案 B 是正確的機率比答案 A 低。

　　邏輯告訴我們，銀行櫃位服務員跟活躍參與女權運動的銀行櫃位服務員，兩者的職業無異。如果 B 是正確的答案，那麼 A 更加沒有錯的道理。但是答案 B 包含兩個元素，而兩個元素缺一不可，命中率自然大大降低。受試者選擇答案 B 而不選擇答案 A，其實是受背景資料所影響。

　　坊間很多書籍都有介紹巴菲特、索羅斯等世界屈指可數因投資而致富的成功個案，許多讀者錯誤地認為只要照搬他們的投資方法，或跟從他們的策略和方式，自己一樣可以投資致富。其實，這種做法反映大多數投資者不單沒有理會投資世界中失敗的人多如牛毛這個事實，還表示他們堅信巴菲特、索羅斯就代表成功，於是盲目地跟從他們的投資決定。世界上，有

無數的人學習巴菲特、索羅斯的投資方法，但有幾個真的可以跟巴菲特、索羅斯一樣？這裏也帶出另外的一些問題：一般人真的可以完全學到巴菲特、索羅斯的投資方法嗎？又他們的投資方法是否適合每一個人呢？

§ 守則

如果要進行投機，你就需排除上述實驗所描述的「代表性偏見」，一切以事實為根據並在市場中驗證，擺脫所謂「權威」的影響，按照自己的能力及條件，發展出適合自己的方法。你做得到嗎？

問題二：如何作出理性的預期？

在生活中：你會經常買六合彩嗎？

買股票時：你會先想可以賺多少？還是，先想可能蝕多少？

§ 拆解

假如有人邀請你參加賭局，賭注 10 元，贏的話就給你 1,000 元；輸了，10 元就全沒了，你賭不賭？試想想，世間上有多少的回報可以有 100 倍呢？**參與這些賭局的人，很少考慮機率**，大部份人皆經不起 10 元博 1,000 元的誘惑。所以，一般人明知勝算微乎其微，也非常樂意參與幾可肯定有輸無贏的賭博。這種潛在的賭性，令到參與彩票、輪盤、「大細」等賭局的人，樂此不疲，說到底，無非都是僥倖心理作祟。

所以，很多人在未有投資經驗前，或者對投資只是一知半解時，也會犯上這種賭性的心理錯誤。毫無經驗的投資者通常會拿一小部份的資金去投資，抱著「輸了也無所謂」的心態，這跟上一章說的賭博心態沒有兩樣，勝算可謂微乎其微，但很多人仍是非常樂意接受這種幾可肯定有輸無贏的賭博。

賭博心態是一種錯誤的心理傾向，這種心理傾向容易令人產生不理性的思維：不問風險，不理後果，一心只想著賺一大筆錢後的美好願望。但在過程中，往往忽略期間發生的變化，不懂得正確應對，最終可能要面對承擔不起的結果。

§ 守則

如果要進行投機，你需先確定自己可能蒙受的最大虧損，理智地考慮你的勝算（不是你可以賺多少），更需深入了解當中的機率，懂得執行有效的策略，確保擁有絕對優勢時才有所行動。你做得到嗎？

問題三：是否能夠獨立思考？

在生活中：你的好朋友剛買了最時興的東西，你想不想馬上也擁有？

買股票時：你會在市場旺盛時買股票？還是在市場低迷時才買呢？

§ 拆解

不遵從群眾的行為會令人產生恐懼感；與群體的行動對著幹，更會令人感覺害怕。人類都有一種從眾心理，這種心理很容易導致盲從，而盲從的結果，通常是陷入騙局或遭遇失敗，稱為「羊群效應」。群體決策中，多數人意見相類似時，個體趨

向於支持該決策，即使該決策是不正確的，至於反對者的意見則受到忽視。但是，當群體從盲從中驚醒過來時，羊群效應也將群體帶到其他或逆轉的方向，於是造成股票市場經常過度上漲或過度下跌，反覆波動便成為股票市場中的常態。

§ 守則

如果要進行投機，你需不受別人或市場氣氛的影響，還要保持低調，不會輕易宣揚自己的計劃及將採取的行動，平靜地執行自己的決策，更要接受孤單的處境。你做得到嗎？

問題四：是否能夠果斷行事？

在生活中：你會拖延處理一些你很厭惡的事情嗎？

買股票後：假設你買入了兩隻股票，並持有一段日子。現在股票市場下跌，其中一隻股票還有 20% 利潤，另一隻卻虧損了 20%，你會先賣出有盈利的股票，還是有虧損的股票？

---

§ 拆解

試先看看以下的兩種情境：

情境 1：你剛剛得到了 300 元。現在，你要在下面兩者中選一個：

A. 肯定再可得到 100 元。

B. 有 50% 的可能性再可得到 200 元，即是 50% 的可能性什麼都得不到。

這時，你會怎樣選擇？

在這種情況下，你是否更有可能選擇 A，即得到 100 元？因為選擇 A，你不需要承擔風險，這 100 元是一定能得到的。相反，如果你選擇碰運氣的話，有 50% 的可能性你會損失掉本來一定可以得到的 100 元。

下面，再看另一個決策情境。

情境 2：你剛剛得到了 500 元。現在，你要在下面兩者中選一個：

A. 肯定將會失去 100 元。

B. 有 50% 的可能性失去 200 元，即是 50% 的可能性沒有任何損失。

在這種情況下，你還會選擇 A，即一定失去 100 元嗎？相比之下，B 是否看起來更有吸引力？因為你有 50% 的機會能夠避免任何損失。為了避免損失，為什麼不給自己一個機會呢？

如果你是這樣考慮的，那麼你會發現，你和大多數人的選擇都是一樣的。事實上，實驗資料表明，在情境 1 中，有 72% 的人會選擇 A；而在情境 2 中，有 64% 的人會選擇 B。於是，在這個決策中，你站到了「安全的大多數」裏面，這是否會讓你感覺好一些？

然而，如果你現在認真比較一下情境 1 和情境 2，你會發現有點不對勁。因為如果把情境 1 和情境 2 聯繫起來考慮，它們其實是一樣的。在這兩個情境中，選擇 A 的結果都是最終得到 400 元，而選擇 B 的結果都是有 50% 的可能性得到 500 元，50% 的可能性得到 300 元。

在以上的例子裏，當選擇的表達側重於「收益」的時候（情境 1），人們會傾向於減少風險，選擇盡可能穩妥的受益方式；當選擇的表達側重於「損失」的時候（情境 2），人們的冒險傾

向則會增加。也就是說，人們會為了避免損失而承受更多的風險，但在面對同樣數量甚至更多收益的時候，只有很少人會鼓起勇氣去承受風險。人們面對收益和損失風險的承受能力是不對稱的，對損失的敏感要遠遠超過對收益的渴望。

當一個人購買的股票價格上升時，叫他把股票賣出去是很容易的事；相反，當股票價格下跌時，多數人都不願意把股票賣出。從損失規避的原則來考慮，這是很容易理解的，因為賣出股票就意味著兌現了損失，而大多數人都不願意面對損失，於是他們選擇繼續冒險，指望著股價還會升回來。這種頗具普遍性的、有悖於理性的投資行為，無疑令很多人失去了獲得更多收益的機會。然而，在他們選擇這樣做的時候，卻都覺得是在保護自己的利益。

更有意思的問題是，在損失規避中，所謂「損失」和「收益」的衡量標準，從來都不是固定的。在適當的措辭和表達方式的影響下，人們意識中的損失可以變成收益，收益也可以變成損失。試想一下，在上述股票交易的問題裏，如果你正打算賣出一隻有盈利的股票，這時你的投資顧問打電話來說，他得到可靠的消息，這隻股票明天將會上漲 20%。如果你信任你的投資

顧問，得到這個消息之後，你多半不會再想出售了，因為相對於明天 20% 的漲幅，今天的賣出就變成了一種損失。

同樣，如果你想保留虧損中的股票，這時你的投資顧問告訴你，因為即將到來的政策調整，很可能接著下滑 30-50%。你本來打算保留這隻股票，迅速就希望把它急不及待地拋售。因為如果不盡快賣出，將會帶來更大的損失。眼前的這點虧損和明天更大的虧損相比，簡直算得上是一種收益了。

§ 守則

如果要進行投機，你要懂得並切實執行盡快止蝕，永遠不會長期持有正在虧損的資產；當有盈利時，要有耐性地等待利潤擴大，不可以在沒有實質逆轉的情況下，急於套利。謹記永遠不可以在虧損時，不但不止蝕，還加大資金投入。你做得到嗎？

問題五：能否突破自我？

在生活中：你認為你的工作表現比一般的同事好嗎？

買股票後：如果你買了一隻很賺錢的股票後，但還沒有
　　　　　　獲利前，你會不會先來慶祝一番呢？

§ 拆解

人類普遍都有一種「往內看」的自戀傾向。當人們只顧往內心看去的時候，他們只會看到自己多麼優秀，所想的計劃多麼合理，掌握的資源多麼充足。人們不禁會問，既然有這麼充份的條件，哪有可能不成功呢？然而他們沒有看到的是，人**不可能有預知的能力**，即使分析如何全面，一個人所能掌握的資訊仍是不完全的，未來將會發生的事情也充滿不確定性，所以一般的判斷只可以考慮到機率，而且還需要擬定錯誤時的應變計劃。

在現實中，一旦太過專注於自己的小世界，坐井觀天，忘了天外有天、人上有人，無視還有其他的角度、另類的方法、大小的危機，這樣的錯誤認知只會令自己不斷地高估成功的機

率。**過度樂觀也是一種偏見**，它會令我們誇大自己預測未來的能力，進而導致樂觀的過度自信，最後可能影響到決策。

另外，人的自負還來源於在決策上的「自我選擇」。**人們普遍會選擇那些合乎自己觀點的意見，並忽略那些相反的見解**。在接收資訊上，會向與自己想法相似的人靠攏，或只是聽取與自己意見一致的分析。如果自己的意見獲認同，並且有人附和及追隨，會令自我選擇更盲目、更堅持。這時，就很難把反面或者不同的意見聽進耳裏，更嚴重的是自我陶醉、自我蒙蔽。

一開始就馬上賺了一大筆錢，最後的結果通常是本金全虧了之外，甚至還負上一大筆債務，這是因為人們過於高估自己、主觀、堅持，於是就跌進了萬劫不復的境地！

但事實上，人們會受害於過度自信的其中一項原因，就是：**我們通常只會專注在未來的規劃上，而不會想到過去的經驗**。我們總是能想出特定的理由來證明這個計劃一定會如期完成，但卻忘記以前在執行許多的計劃時，常會出現意想不到的事情。每個人都想讓別人看到自己最好的一面，很少有人願意讓別人看到自己的錯誤；不論是自尊心或虛榮心作祟，**人們會不自覺地想著為自己的錯誤掩飾、辯護，自欺心理就會成為一種尋求自我平衡的方式**。一定程度上的心理平衡，可以減輕我

們的痛苦。但這種自欺心理及行為，真的能減輕痛苦嗎？還是埋藏更大的痛苦及更嚴重的後果呢？

§ 守則

如果要進行投機，你不可在市場中證明自己的想法，要永遠抱著謙虛的態度來服從市場，經常接收相反的意見及信息，來挑戰自己的判斷。你還要時常檢討過去的決策與行動，繼而作出改進，你不可以經常炫耀你的成功。你做得到嗎？

看到這裏，如果你開始發覺自己根本做不到以上的要求，也無法遵從以上的守則，更沒有打算去改變自己的固有想法與行為。算吧！不要再看下去了，因為這幾個要求實在是極度考驗每個人的人性。再者，要投機成功，不但要有毅力及高度專注，還要長時間訓練自己的決策及行為模式，才有機會成為贏家的一份子。正因為太多人不願意付出精神及時間來學習並實踐，所以大部份人都是輸家。

如果你還想成為少數的贏家並願意努力嘗試，那麼，我們便一起繼續吧。

佐證

從上證指數在 2005 至 2008 年中的波動（圖一），可以了解一般股市參與者的心路歷程：

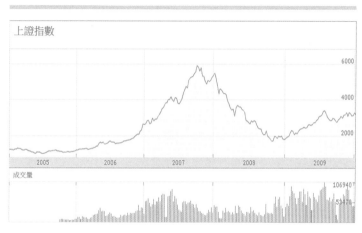

圖一：2005 至 2008 年上證指數走勢圖

在 2005 至 2008 年期間，因中國的股市還在剛發展的時期，而 A 股市場只容許本地人參與，超過 80% 的參與者都是個人散戶，更突出人性在市場中的傾向和偏誤。

2005 年

從 1,300 點跌至 1,000 點後又升上 1,200 點

散戶心聲：股市低迷了一段時間，仍然是這麼低的水平，波幅又小，真的沒興趣，現在入市一定虧。

2006 年

從 1,200 點一直上升至 2,600 點

散戶心聲：1,500 點，現在入市，一旦跌到 1,200 點，就會被綁死了；1,800 點，看來可以買一點點；已經 2,000 點，馬上獲利，賺了 10%；2,600 點了，太高了！就算買，不如等到 2,000 點左右，再低一點更好。

2007 年

從 2,600 點，一直升至 5,900 點，年底還在 5,300 點

散戶心聲：年初時，投資專家說大牛市來了，這次要抓緊機會，賺它一筆；2,600 點馬上入市，4,000 點啦！超過 50% 啦！馬上獲利；既然到 4,800 點，大有機會升上 5,000 點，有錢就全部買進；5,800 點，這次一定超過 6,000 點，甚至會到 8,000 點，朋友、同事都有買，馬上叫家人一起買，大家賺錢。4,900 點，不用怕，還有錢賺，不是跌市，應該只是調整。

2008 年

從 5,500 點，一直跌到 1,800 點

散戶心聲：我都説過，只是調整，現在又到 5,000 點以上，經濟這麼好，前景一片樂觀；又到 4,800 點，等一下，再看看無妨；沒有道理，4,000 點關口都失守，虧的不多，還是堅持看看；竟然跌回 2,600 點，自己也虧，家人也虧，不如再買多一點，升上 3,500 點左右，一定可以補回之前虧損的，便平手離場；慘啦！現在已經 2,200 點，虧了很多啊！現在全沽？還是作為長線投資吧；嘩！1,800 點啦！市場很悲觀，朋友、同事都全沽了，還不沽，再跌下去，什麼都沒有了，全沽！

這些心理反應，你是否也曾經歷過呢？不單是你，相信很多人也經歷過。背後隱藏的就是人性的心理陷阱與行為偏向。

自我檢討

在生活中：我在網上看到一些各類型的權威報告，會否完全
接受？又會否與其他人分享呢？

_____

買股票前：我認為參加課程或得到專家的意見後才買股票，
會提高我賺錢的機會嗎？

_____

在生活中：我會經常買六合彩嗎？

_____

買股票時：我會先想可以賺多少？還是，先想可能蝕多少？

_____

在生活中：我的好朋友剛買了最時興的東西，我想不想馬上
也擁有？

_____

買股票時：我會在市場旺盛時買股票？還是在市場低迷時才買呢？

_____

在生活中：我會拖延處理一些我很厭惡的事情嗎？

_____

買股票後：假設我買入了兩隻股票，並持有一段日子。現在股票市場下跌，其中一隻股票還有 20% 利潤，另一隻卻虧損了 20%，我會先賣出有盈利的股票，還是有虧損的股票？

_____

在生活中：我認為我的工作表現比一般的同事好嗎？

_____

買股票後：如果我買了一隻很賺錢的股票後，但還沒有獲利前，我會不會先來慶祝一番呢？

_____

我可以克服人性的弱點嗎？我適合投機嗎？

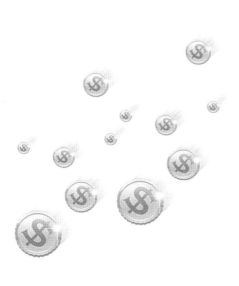

第三章

你明白投機的原理嗎？

了解交易市場中的人性

　　交易市場是買賣雙方角力的場所，而最為人熟悉的是股票市場，至於債券、外幣、黃金、石油等金融市場，對世界經濟起著舉足輕重的影響。人們聚在一起做買賣，就有市場。現今是全球化的時代，互聯網的普及，以及資訊科技的發達，市場變得更廣泛、更容易參與，交易市場可謂無處不在。無論交易市場的種類、形式及地域如何不同，內裏也必然存在最核心的元素，就是**人**和**買賣**。

　　如要明白投機的原理，首先必須明白交易市場中個人在買賣時的特性和規律。各個交易市場，每天、每分、每秒都在變動，而每一個變動，都包含了買賣雙方的有關成交，而每一次的成交也代表著價格的變化。但是，買和賣這兩股力量，既是對立又互相影響。買方當然希望成交價越低越好，賣方卻是想越高越好。

　　當交易市場中買方在不斷提價的市況下仍然願意成交（買方主導），價格便形成上升的趨勢。但是，當市場中的賣方在不斷調低價格的市況下仍然願意成交（賣方主導），價格便形成下跌的趨勢。無論是上升趨勢或是下跌趨勢，**趨勢就是低買高賣或高賣低買獲利的基礎**，也是從投機中得到正回報的首要

原則。投機過程中，我們真正可以掌握及決定的，就是何時買（賣）和何時賣（買），以及買賣多少。而投機的難度，就在於什麼價位買（賣），什麼價位賣（買），資金多少。我們要精於投機，也要學懂相關的策略及技巧，從買賣中獲利，並要持續不斷。

這個最基本和最核心的原理非常重要，因為投機的過程及結果，以及能否成功，都與如何運用與發揮這個原理有關。在接下來的每一部份，請你再三思考這個核心原理，才可分辨何種的方式及工具，有助增加你的**優勢及勝算**。

抓緊市場升跌趨勢

我們了解到買賣雙方應該是對立的，但在市場中，當最初入市買入的人，也必須有後來者繼續買進，價格才可形成上升趨勢。但在高價時，原先的買方將變成賣方，更希望有人願意以更高價買入，這時的賣方便不希望太多賣方一起行動，以免壓低價格。可是，當大量的賣家同時賣出時，價格便會開始形成下跌的趨勢，甚至急速下跌。所以，一般而言，交易市場中的上升過程會比較緩慢，可是，下跌時是可以十分急速的。從這種的心態與互動，我們更能明白何時是由買方主導變化成賣

方主導，或由賣方主導變化成買方主導，也就是何時進行買賣的重要時機。這樣也證明了當大部份買方已經入市，交易市場越來越缺乏買方時，價格上升的速度便趨緩慢或橫行，這時可能是醞釀賣方出現的時候。相反，當交易市場的賣方越來越少時，價格下跌的水平可能已經吸引買方出現，價格又再上升。所以，在投機的世界裏，大家都只關心價格上升、下跌及橫行，這也是可以獲利或虧損的機會。

所以，在交易市場中，因買賣角力，各有勝負，永遠充滿著波動，也永遠充滿著機會。投機是絕對現實的過程，無論有多合理的因素，或充滿多不理智的行為，交易市場根本不加理會，因為參與的人都是一心想著獲利。簡單而帶點冷酷地說，獲利者就是對的，虧損者便是錯了。如果參與者仍停留在觀望、興奮或恐慌、貪婪時，市場已經有所行動，完全不會理會你的主觀願望或感受。要投機成功，必須要懂得駕馭波動，而波動中，更經常見到對人性弱點的挑戰。

發展適合自己的交易系統

所有交易市場內都充滿著不同人群的集體互動，而不同的因素都會引起各種的人性反應，甚至是極不理性的反應。參與

的人不單被市場的波動所影響，而且會受到個人的心理質素所左右，經常做出不理性的決定。所以，**要從投機中達到長期的正回報，必須要發展適合自己的交易系統，目的是利用客觀的方式，有紀律地進行操作，來加強個人的優勢與交易的勝算，在不確定的市場中持續獲利。**

怎樣才算是適合自己的交易系統？下一章介紹及探討的方式，並不是惟一及必然的流程，可謂因人而異。況且，真正了解你的人就是你自己，要找出最適合你的系統，一定要你自己通過市場的現實考驗後，才是最真實、最可靠。但是，如果接下來給你的提示，可以讓你少走冤枉路，便會是一個好的開始。好的開始，是成功的一半，而另外的一半就要根據你對自己的處境、特性和能力的了解來完成了，並要努力不懈地學習及改進，才可達到成功。

自我檢討

我認為最重要的投機原理是：

_____

_____

_____

_____

_____

_____

_____

我有什麼條件可以發展適合自己的交易系統呢？

_____

_____

_____

_____

_____

_____

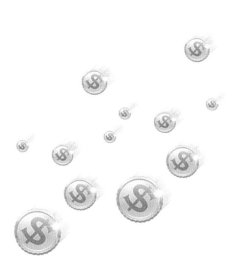

第四章

如何發展適合自己的交易系統？

前面幾章已交代過很多人在投機時，其實都是在沒有充足的準備下投入市場，完全不明白自己性格的特點。其實，每個人的投機風格都是不同的，沒有幾個會一模一樣。儘管這樣，我們還是可以歸納出幾個必要的條件，作為發展適合自己的交易系統的開始。

必要條件一：保本至上

你是否還記得曾經問過自己這個問題：**你會先想可以賺多少？還是先想可能蝕多少？**

當然，每個人都是想賺錢的。但是，如果你總是跟別人一樣（大多數人都是輸錢的），總是想著賺多少錢，你認為你會達到長期的正回報嗎？當你一直想著賺錢時，你的風險意識會被大大削弱。美好的憧憬，只會令你更不理性、更不小心、更急不及待地下決定。既然你已明白及接受輸的機會是比較多，而且可能是很多，你還會想著贏嗎？現在開始，你要先學習「輸」，鍛煉自己永遠立於不敗之地，當你能保住本金，真正機會來臨時，你才可以贏，甚至大贏。

請永遠牢記以下簡單、但影響你一生的信念：

永遠不容許輸大錢！

養成止蝕的習慣

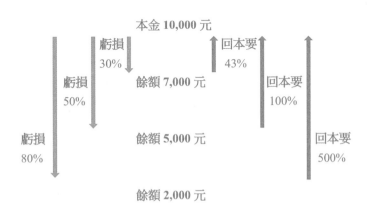

圖二：盈虧比例

　　從圖二的數字及百份比計算，很明顯看見，輸的越少，回本的機會越高；超過 50% 的虧損是完全不可以接受的，要增長一倍才可以回本；更不用說虧損 80%，五倍的增長太難了！但是，即使你已明白了，你肯定做得到嗎？這是要挑戰人性的損失規避，需要一段長時間及經過不同的考驗後，才可確定真的可以做到，請努力吧！在你完全可以實踐這信念後，才是長期獲利的開始。

　　一般人抗拒損失，所以並不習慣積極止蝕，即使明白它的重要性，也經常不能切實執行。止蝕的最大好處是，輸掉一點而保住了本金，除了獲得一次實戰的學習機會外，還不會將虧損擴大至難以翻身；相對來說，這等於得到更多重新交易的機會。至於輸的那一部份也應該是本金中的一個小比例，確保以後還有繼續在市場參與的能力。你要正面地告訴自己，今次的失敗是為著將來的成功鋪路，自己應該學習怎樣在輸錢期間，理性地找回機會，在再次交易中獲取利潤。事實上，**虧損在交易中是十分正常的**，最好的學習場地就是在市場裏面，而真正實用的經驗，往往是在輸錢的過程中才學習得到。

　　在交易市場裏，最容易體現到的是意外性或偶然性，你要準備任何事情都是會有變化的，各種情況都可以發生，沒有所謂絕對的把握，而且更要知道怎樣去處理這些的不確定性。所以，止蝕保本不單可以給你更多重新開始的機會，最重要的是，還讓你認識到，不要死抱著錯誤的決定堅持下去；**錯誤的堅持，只會令你輸得更多**。積極認輸，可以令你重整心態，冷靜後再捕捉做對的機會，這也是達到長期正回報的重要過程。

有效的資金管理

有賺錢的可能，就有風險的存在。試想想世間上會有無風險而可以賺錢的機會嗎？所以，最先考慮的應該是風險（可承受的最大虧損），而不是回報（可以賺多少錢）。**輸大錢就是風險管理不善，風險管理不善就是不懂資金管理**，也是達不到長期正回報的主要原因。資金管理是接下來的重要策略及行動。

開始前，必須定出從整體資產中可以用作交易的本金，理性的評估是假定所有的本金全虧後，不會影響個人及家庭的正常生活；下一步，要控制每個交易項目的資金佔全部本金的比例。如果只有一個交易項目，並且全虧的話，那麼將 100% 的本金全投進去，就是一個毀滅性的錯誤。

控制每一次最多可以虧損的本金比例，比決定每次交易的本金比例更有效。例如，從整體資產撥出來的本金是 100 萬元，如果每次最多可虧損的比例是 10% 即 10 萬元，即相對可以進行十次交易。如果同時出現幾個不錯的交易機會，以整體可虧損的資金 10 萬元作準則，會是更靈活及更穩健的策略。如果經驗不足或對預期回報沒有太大把握，更可將比例定在 5% 或更低，5% 即 5 萬元，便相對可以交易二十次；2% 即 2 萬元，便可以得到五十次的機會了。次數越多，不但可以減低整

體本金的風險，還可以有多次檢討及修正的機會，提高個人的
交易勝算。

再者，以這種策略來增加或減少投入的資金，也是相當理
性與機動的。例如，當從 100 萬元獲利到 120 萬元，如果比例
維持在 5%，即每次最多可以虧損的本金比例便由 5 萬元提高到
6 萬元，最重要的是控制獲利後的過度自信、忽視市場風險、胡
亂增加投入的資金。相反，在虧損後，如果從 100 萬元虧損到
90 萬元，以 90 萬元的 5% 進行交易，即最高可以虧損的資金
便是 45,000 元，這樣以本金的餘額作交易資金的決定，最大的
好處當然是保持自己往後還有二十次機會，除非連續虧損二十
次，即本金全虧。但是，再想一想，當本金只得 80 萬元時，交
易的資金便應該調整到 4 萬元，往後還是可以有二十次機會，
這個策略提供理性地減少交易資金的機制，但更重要的是，提
供了更多繼續交易的機會。要立於不敗之地，首要是還有參與
的條件，以及翻身的機會。

這種因應實際本金而作出調整的策略，不但可保留實力，
還可有效提醒交易者，不應因虧錢後想回本的衝動，將投入資
金不合理地提高。相反，當不斷有盈利時，也不會鹵莽地加大
資金，而是合理及有系統地根據本金餘額，增加可虧損的本金

比例。有效的資金管理策略，有助觀察個人交易能力的進展，經過若干次的交易項目，能從結果中檢視自己如何發現交易機會。我們更需明白，雖然我們不能控制市場，但我們可以預先控制每次最多可虧損的本金比例，無法或者不願控制損失，都有可能導致破產。

可是，已經運用有效資金管理的策略後，仍然未能達到正回報，便是時候檢討自己的方法，甚至是時候提醒自己是否適合投機了。

延伸學習

Brent Penfold, *The Universal Principles of Successful Trading*. New
　　York: John Wiley & Sons, Inc., 2008.

Penfold 於 1983 年在美國銀行（Bank of America）以機構自營商的身份，開始了他自己作為全職交易員的職業生涯。時至今日，他已縱橫馳騁環球交易市場三十餘年，是期貨、大宗商品、外匯、貴金屬與全球各類金融指數的交易專家。

自我檢討

我完全明白保本的好處嗎？我能切實執行嗎？

_____

_____

_____

_____

_____

_____

我將如何實行自己的資金管理呢？

_____

_____

_____

_____

_____

_____

必要條件二：價量分析

　　既然價格是買賣及趨勢的重要元素，以下先介紹其中一種有效的工具，好讓你更了解如何解讀交易市場中買賣雙方的心態及行為。

陰陽燭

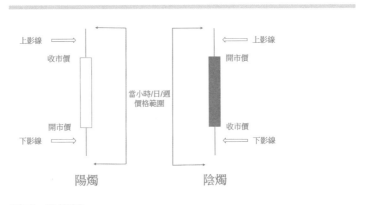

圖三：陰陽燭

陽燭：表示收市的價位比開市時為高　　　　陰燭：表示收市的價位比開市時為低

　　燭身之底為開市價　　　　　　　　　　　　燭身之頂為開市價

　　燭身之頂為收市價　　　　　　　　　　　　燭身之底為收市價

燭身之上的線為上影線

燭身之下的線為下影線

　　如果一枝陰陽燭代表的是一天的交易，即代表當天市場的開市價格、最高價格、最低價格及收市價格，那麼一枝陰陽燭，便可以了解買賣雙方的心態及行為嗎？

　　請看圖四，香港恒生指數在 2016 年 11 月 9 日（星期三），開市時，指數是 23,048.32 點，當天指數最低是 21,957.71 點，最後在 22,415.19 點收市。為何沒有了當天的最高的價位呢？原因是開市價位便是最高價位了，也代表著開市時，完全是賣方主導，一直跌到最低 21,957.71 點後，才回升到 22,415.19 點收市。這樣的全日表現，幾可肯定全天都是賣方主導。翌天的交

圖四：2016 年 11 月 9 日恒生指數

易，開市時，還會在 23,048.32 點開始嗎？如果，當日的收市價位也是最低價位 21,957.71（一般稱為大陰燭），即代表從開市到收市，賣方一直在沽出股票，也代表了市場的情緒相當悲觀，對翌日的交易情況有著重大的啟示。

但是，世事沒有絕對，因為收市後，什麼事情都可以發生。所以，再要觀察翌日的市場變化，才可有更明確的解讀。繼續看看圖五：

圖五：2016 年 11 月 10 日恒生指數

很明顯，開市在 22,848.74 點，市場中的買方一定對昨天的高位（也是開市價位）23,048.32 點充滿了戒心，在 11 月 10 日（星期四）的一整天，買賣雙方一直在角力，最高點與最低點只相差 140.83 點。更明顯的是，收市在 22,839.11 點，跟開市價位，僅差 9.63 點，幾乎沒有變動。也可解讀為買賣雙方都不可以主導市場，雙方互相克制、維持觀望。但又如果這種價位變化（一般稱為十字星）處於前一日的陰燭的不同位置，也可以有不同的解讀。

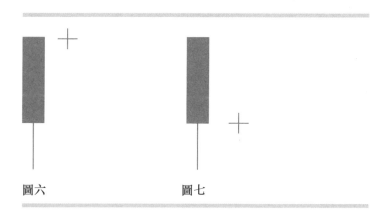

圖六　　　　　　圖七

如圖六，十字星處於前一天陰燭的開市價位，很大可能買方在反攻，但還是對前一天的開市價位存有戒心；但圖七卻顯示，買賣雙方仍然在前一天的收市價位觀望。無論十字星的位置在哪裏，都代表著市場的明確方向待變，再觀察多一天才行

動是比較明智的。在 11 月 11 日（星期五），開市時，價位明顯低於 11 月 10 日（星期四），也代表著賣方又開始主導市場，到了 11 月 14 日（星期一），全日也是賣方做主導，但最低也不敢挑戰 11 月 9 日（星期三）的最低價位 21,957.71 點。

價格是由買賣雙方實質的成交所產生的，經過陰陽燭對每天價格的表達，便能有效地解讀交易市場的動態，再以數週，甚至數月，更可了解到交易市場（即買賣雙方的行為）較長線的變化，甚至趨勢。在探討趨勢前，圖八介紹一些陰陽燭的組合，好讓你進一步運用陰陽燭來解讀交易市場。

圖八：2015 年 1 月至 3 月的恒生指數日線圖

　　圖八顯示了在 2015 年 1 月至 3 月恒生指數日線圖中的三組陰陽燭，三組的共通點都是顯示短期見頂。第一組顯示見頂的陰燭，開市價位便是最高價位，雖然開市價位比前一天的價位高，但是全日都是賣方主導，翌日的陽燭，上影線也不能超過前一天的最高價位；第二組顯示了兩枝淺色的陰陽燭（這也是陰陽燭的特點，可以用顏色來加強解讀），淺色代表當天是下跌的，但收市價位還比前一天高。很明顯，第二組最高的價位只超出第一組僅 53 點，也是全日賣方主導，也是開市價位便是當天的最高價位，可預見 25,000 點的阻力相當大；再看第三組，再一次顯示 25,000 點仍然是不能衝破，三次不破後，便迎來大幅下跌。

　　從觀察陰陽燭來解讀市場，可發現到一枝陰陽燭不及一組的陰陽燭，而幾組的陰陽燭更勝一組。為了在市場中方便溝通，不同的陰陽燭或一組的陰陽燭都有不同的名稱，例如，錘頭、上吊線、流星線、烏雲蓋頂、棄嬰底、三隻烏鴉等等。**千萬不要死記名稱及形態，最重要的是心領神會，在觀察中領悟到市場的狀態及買賣雙方的互動及反應，才是最值得培養的能力。**別人怎樣解讀不重要，只要你有耐性、謙虛地向市場學習，接受市場的教育才是最實用的。經過不斷嘗試及練習，當

你真的明白及可以跟隨市場的方向後，得到市場給你的獎勵（持續獲利），才是最真、最好的憑證。

當經過持續觀察及理解市場後，更重要的信息將會展現在你的眼前。以下再來看看圖九。

圖九：2015年4月8日的恒生指數日線圖

雖然經過三次上衝 25,000 點不成功，一旦衝破後，恒指一舉上升超過 3,000 點。真的是上衝成功，或是再一次失敗？市場也會展示在你的眼前。2015 年 4 月 2 月，恒指率先衝破前大阻力位，但要留意當天的成交金額，與往常的日子差不多，只有

1,247 億港元。可是，在 4 月 8 日當天，開市時，裂口高開，整天全是買方主導，成交金額還突破到 2,500 億港元，是前一個交易日的一倍。真正的大升趨勢，必須要有大成交金額配合。價格可以因特殊的成交而創出高價，這種價格是虛的。只有在市場中，有人用真金白銀來買賣，才是最可靠的。所以，要準確解讀市場，必須價量同時分析。

解碼

「港股大時代」

「港股大時代」由 2015 年 3 月 27 日內地公募基金獲准經「滬港通」買港股觸發，市場憧憬北水大舉南下把 H 股股價扯高，追平與 A 股的差價。滬指當時熱火朝天升越 4,000 點，市盈率達 23 倍，深證成指市盈率達 50 倍，滬深股市日均成交額達 1.4 萬億元。本港股民及機構投資者心急狂掃港股，3 月 30 日恒指漲 368 點至 24,855 點，4 月 1 日更升見 25,082 點。及至 4 月 8 日「港股通（滬）」首度用盡 130 億元人民幣全日額度，令市場堅信北水將洶湧南下，當日恒指衝上 26,236 點，翌日即市高見 27,922 點，全城追貨令當日恒指曾飆 1,700 點，全日成交達 2,915 億元。4 月 27 日恒指直撲

28,588 點，見全年頂峰。2015 年 4 月至 6 月，中港股
民都亢奮不已，借孖展炒股為數不少。惟 A 股大泡沫引
起中國證監會警惕，一連串「去槓桿」措施後，滬指在
6 月 15 日見頂（高位 5,178 點），隨後瀉至 8 月 26 日
的 2,850 點見底。恒指則在 5 月 26 日結束「大時代」，
從當日高位 28,524 點，反覆瀉至 9 月 29 日 20,368 點才
止跌。

如果你對成交量的理解非常有限，便要認真探討成交量的
複雜性，你就能繞開單單以價格為依據的交易陷阱。依據成交
量的移動平均值來觀察，如果發現成交量高於正常水準，而價
格變動幅度很小，那麼有可能市場對相關資產正在利用橫向盤
整來收集或派發；如果價格變動幅度很大，而成交量低於正常
水準，特別是在趨勢明確的市場中，那麼行情有可能不久就會
發生轉向。由此可以看出，成交量分析有利於交易者提高自己
對趨勢方向、趨勢逆轉的發生時機等方面的解讀能力。

移動平均線

當價格突破了重大阻力位後，更可利用一些趨勢指標來加強對市場的解讀。最常用的趨勢指標是**移動平均線**（Moving Average, MA）。移動平均線是把過往特定時段（10天、20天、50天）內的收市價相加，運算期內（10天、20天、50天）平均值，然後隨著時間的推移，每天計算當天某個特定時段（10天、20天、50天）的平均值；最後，再把每天運算的平均值連結，就可畫成一條10天、20天及50天移動平均線。

移動平均線是用上簡明易懂的平均數概念，作為判斷指數或價位走勢強弱的準繩。指數或價位如跌低於平均線之下，即比一段時間內的平均為低，自然可視之為弱勢的表現；相反，指數或價位企於平均線之上，即指數或價位有優於平均的表現，大可看成是強勢的訊號。再將有關的應用延伸，如果指數或價位一直在10天、20天及50天移動平均線之上或之下，更可代表該趨勢更強勢或更弱勢，趨勢可以持續更久。正如圖十的三條不同時段的移動平均線，在不同相交的時候，就可判斷趨勢的不同強度及持續性。第一個相交是10天移動平均線上穿20天移動平均線；第二個相交是10天移動平均線上穿50天移動平均線；第三個相交是20天移動平均線上穿50天移動平均線。

圖十：10、20 和 50 天線的恒生指數日線圖

　　當然，在第三個相交後，指數明顯地完全高於 10 天、20 天及 50 天移動平均線之上，上升趨勢已經很明確了。可是，再過不久的時間，指數便開始見頂橫行，大概橫行了兩個月後，更開始回落。再深入考慮一下，既然移動平均線是以平均價格所構成，很自然，越長時段的移動平均線，便越受到過往的價格所影響，這令到移動平均線提供的信息必然是滯後的。但是，正因為是價格的平均值，所以顯示的信息便較可靠。滯後不是移動平均線的最大缺點，它的構成是完全沒有加入成交量的重要信息。所以，移動平均線比較適合作為輔佐的工具，不應視作為買賣的準則。

還有，一些交易市場中的資產類別的成交量，不是即時可以獲得，例如，外匯、黃金、石油等。因為，這些資產類別是幾乎全天在環球交易，經常橫跨不同時區及市場，現時並沒有統一的系統或組織計算相關的即時成交量。為彌補不足，一些以價格變動的幅度作計算的動量技術指標，便可作為另外的輔佐工具。

指數平滑異同移動平均線（MACD）

MACD 也是比較普遍使用的動量指標。MACD 的全名為 Moving Average Convergence Divergence，由 Gerald Appel 所創立，是一種跟蹤價位運行趨勢的技術分析工具。而 MACD 的最大好處是，既可將它歸納為趨勢指標，也可視之為動量指標。

圖十一便加入了 MACD 作比較。MACD 的計算也是包含了平均線在其中。Appel 設計出 MACD 之前，也是不斷分析平均線的用法。他留意到傳統移動平均線系統，是將不同日數的移動平均線共同使用，利用短期的移動平均線上破或下破較長期的移動平均線來作買賣準則。但是他不太滿意實戰時應用這種方式，因為這種方式會令整個市況中買賣的訊號變得很多，而且入市的時機會「落後」於升跌浪出現的時間很多。後來 Appel

特意引入指標平滑計算方式，將移動平均線對價格的敏感度降低，令買賣訊號減少，同時嘗試了不同的計算方法，最終才發明出 MACD 這個指標。

圖十一：加入 MACD 的恒生指數日線圖

MACD 的計算方法：

先要設定 MACD 的參數，一般最常用的設定是，將較短期的平滑移動平均線（Exponential Moving Average, EMA）設定為 12 日，較長期的則設定為 26 日。先要計出「平滑系數」，這個數值是計算最新的 EMA 時所必須的。

12 日的平滑系數 = 2 / (12+1) = 0.1538

26 日的平滑系數 = 2 / (26+1) = 0.0741

計算最新的 EMA：

12 日 EMA =12 日的平滑系數 x 當日收市價 + 11 / (12+1) x

昨日的 12 日 EMA

26 日 EMA =26 日的平滑系數 x 當日收市價 + 25 / (26+1) x

昨日的 26 日 EMA

而 MACD 的圖表上有兩條線，分別是 DIFF（Difference）線及 DEA（Difference Exponential Average）線，前者的計算方法是將長期與短期的平滑移動平均線（EMA）的累積差距計算出來，後者則是 DIFF 線的平均值。DIFF 線 = 12 日 EMA – 26 日 EMA，而 DEA，則要視乎想計算多少日的平均值，一般來說是計算 9 日的平均值，故此 9 日裏每天（12 日 EMA – 26 日 EMA）的答案加起來，再除以 9 便是 DEA。

另外，你看到 MACD 的圖形上還有一些柱狀垂直線圖，這些線名為差離（Divergence），簡稱為「柱狀線」，計算方法 = DIFF – DEA。此外，MACD 的座標中，最中間的位置是「零軸」，用以判斷 DIFF 線、DEA 線及柱狀線是偏強還是偏弱。

目前，世界各地創製了各式各樣不同的技術指標，有的是趨勢指標，有的是動量指標，甚至跨市指標等等。但是，**千萬不要太神化有關的技術指標或模型，最可靠的市場信息，仍是價格與成交量。**因為這是參與的人在成交中的真實買賣信息，再者，所有的指標都是根據價與量所產生出來。然而，有部份指標或模型是根據統計原理及人類的習性研發出來的，但人性與群體的行為都是充滿不確定性的，如果太過依靠固定的規律或模式，當出現變異時，整個指標或模型便會招致徹底的失敗。交易系統必須化繁為簡，回歸到從價與量來理解市場中買賣雙方群體的行為與反應。金融市場不少消息和新聞背後都可能有其原因，問題是當你發現這個原因後，你已不能及時利用市場的趨勢來賺錢。正統的技術分析不宜用於預測市場，而是用於統計的範疇，更重要的是得出一個機率分析。

佐證

在美國，曾有一間對沖基金公司「長期資本管理公司」（Long Term Capital Management, LTCM），該公司招攬了一班高學歷、有豐富投資經驗的精英，例如 John Meriwether（所羅門兄弟投資銀行著名的債券交易員）、David Mullins（前美國聯邦儲備局副主席）、Myron Scholes 和 Robert Merton（諾貝爾經濟

學獎得主），以及二十四名擁有博士學歷的員工。他們利用非常精細的數學模型，建立一個非常複雜的自動交易系統，以頻繁的買賣，進行他們認為的低風險高回報投資。但在 1998 年，因俄羅斯發生債務危機，令該國貨幣盧布大幅貶值，當時 LTCM已經虧損了超過 30 億美元，但他們的交易系統分析的結果還是要加大投資，當時公司淨值 47.2 億美元，因進行 25 倍的槓桿，所有債務的總金額是 1,240.5 億美元（圖十二）。最後，美國聯邦儲備局強制關閉了 LTCM，避免系統性的經濟危機。

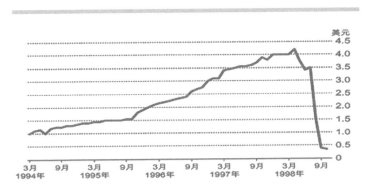

圖十二：LTCM 每美元投資回報

延伸學習

Martin J. Pring, *Candlesticks Explained*. New York: McGraw Hill, 2002.

　　Pring 是當今技術分析領域內最具影響力的權威之一，經常在 *Barron's* 雜誌或其他全國性刊物發表評論。目前擔任 Pring Research（網址：www.pring.com）總裁。

Gregory L. Morris, *Candlestick Charting Explained: Timeless Techniques for Trading Stocks and Futures*, 3rd ed. New York: McGraw Hill, 2006.

　　Morris 和技術分析的傳奇人物 John Murphy 聯手創設 MurphyMorris Inc.，並將它經營成知名頂尖的網絡市場分析工具與評論供應者。2002 年，他們將自己的事業賣給股票走勢圖網絡公司（StockCharts.com, Inc.）。

Mark Leibovit, *The Trader's Book of Volume: The Definitive Guide to Volume Trading*. New York: McGraw Hill, 2011.

　　Leibovit 是擁有三十五年操作交易經驗的一線交易員，於 1974 年發明了 Leibovit 成交量反轉指標（簡稱 VR 指標）。

自我檢討

我完全明白價與量的重要性嗎？

_____

_____

_____

_____

_____

_____

我將會實行什麼行動計劃去訓練自己對價與量的解讀？

_____

_____

_____

_____

_____

_____

_____

必要條件三：輸少贏多

資金管理即是風險管理，也就是控制每次可虧損的資金。每次交易時習慣性地設定止蝕價位，目的都是為了將損失減到最低。加上，交易做對了市場的方向，並將止蝕價位推移到開始時的買賣價位後，更代表著零虧損，再跟隨趨勢，將利潤繼續擴大。不過，任何策略都不可以絕對保證零虧損，只是盡量限制損失，仍是可能有損失的。要達到長期正回報，必須在贏的時候，盡量擴大利潤，即是輸少是不夠的，還要贏多。

贏多是另外一個重要的策略。其中最簡單的策略是「止蝕不止賺」，當交易後可跟隨市場的方向時，不單要將止蝕價位推移到開始價位，還要繼續推移止賺價位（因從零虧損開始到有利潤，便不再是止蝕了），這樣，就算往後價位出現回調，都可確保得到一定的利潤。

正如圖十三英鎊的日線圖，如果在 2017 年 3 月 15 日以 1.21532 買入，止蝕價位設定在前一日的最低價位 1.21088，但到了 3 月 20 日可將止賺價位設於前一日的最低價位 1.23237。即使英鎊再下跌，也可得到不錯的利潤。

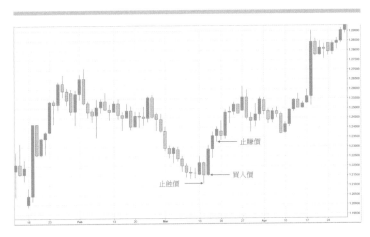

圖十三：英鎊日線圖

如何計算回報與風險的比率？

但是，更有效的策略應該放在事前而並非事後，其中的一種策略，便是計算回報與風險的比率，即預期的最高獲利與可能的最高虧損比較。基於止蝕價位的設定，計算可能的最高虧損是很容易做到的，但要預計可能的最高利潤，就要借助價格變化中相關的支持位及阻力位了。請看圖十四。

因英國在公投後決定脫離歐盟，英鎊由 1.5 水平一度跌穿 1.2。如果將時間推前到 2016 年 10 月，明顯地，在半年時間

裏，英鎊的價位在 1.211 有支持，而在 1.266 水平也遇到阻力。
從價格來分析市場的心態與行為，支持位代表市場中買賣雙方
經過多次的角力，也不能將價格再推下去。另一方面，經過多
次的上衝，價格一直未能突破某一水平，而該水平便形成了當
時段的阻力位了。但是，在阻力位與支持位中間，也可能出現
中途的支持位或阻力位，正如圖十四中，1.241 便是英鎊上升的
中途阻力位。

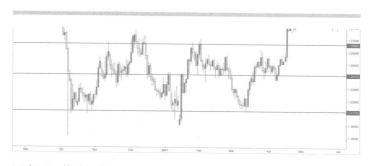

圖十四：英鎊日線圖

當在 1.21532 買上，止蝕價設定在 1.21088，即最高虧損便
是 0.00444，再以 1.24100 假設為目標價，即預期的最高獲利可
以是 0.02568。根據這兩個數字，便可計算出回報與風險比率：

$$\frac{可能的最高利潤}{可能的最高虧損} = \frac{0.02568}{0.00444} = 5.78：1$$

　　回報是風險的 5.78 倍，當然是非常理想的交易。如果英鎊再一次挑戰上方的阻力位 1.26600，回報與風險比率更可達 11.41 倍。這便是在交易中必須追求**輸少贏多**的策略，做到這策略，才可達到長期的正回報。

　　再配合資金管理中每一次交易而定下的最高可虧損資金，整個策略就更完整了。保本止蝕為的就是輸少贏多，假如每次最高可虧損的資金設定是本金的 5%，便一共有二十次的交易機會，並在每一次交易前必定評估回報與風險比率，沒有三倍或以上的預計比率，便不應交易，只可繼續等待機會。例如，在十次交易中，只有四次是做對的，如果以每次最高可虧損的資金界定為一個交易單位，做錯六次，即損失了六個交易單位，要達到長期的正回報，便要取決於另外做對四次的回報與風險比率，如果平均是三倍，四次便獲利十二個交易單位，減去損失的六個交易單位，整體還可增長六個交易單位，十次後一共還有十六個交易單位，增長 60%。可是，如果回報與風險比率平均只有兩倍，即四次可得到八個交易單位，結果，還是可以多出兩個交易單位，增長只有 20%。整體策略便可以增加你的優勢，但要增加你的勝算，便要視乎你的成功率（即十次有多少次做對了）。另外，更重要的是如何提高每次的回報與風險比率。

要做到輸少贏多，必須捕捉下跌／上升空間不大的時機，才可以準備入市買上／沽空，即是用最小量的資金來獲取最大的利潤，也即所謂「以小博大」。雖然，每次交易前必須評估回報與風險比率，但在交易市場中，沒有任何事情是確定的，什麼事情都可以發生。所以，若要增加勝算，必須從客觀條件下確認趨勢後，才可入市做買賣。怎樣在客觀條件下確認趨勢呢？又如何運用以小博大及輸少贏多的重要原則呢？那麼，請先看以下各圖吧！

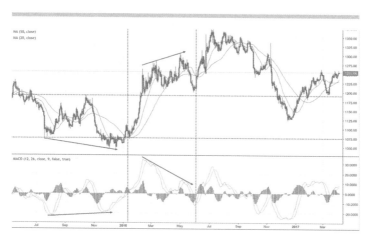

圖十五：黃金日線圖

圖十五是黃金的日線圖，因黃金的交易是跨時區及跨市場的，並沒有即時交易量的統計，所以便要借助 MACD 的動量指

標來增加勝算。在 2015 年 7 月至 12 月，金價在 1,073 及 1,190 區間上落，但在 11 月至 12 月期間卻跌穿 1,073 的支持；跌破支持水平，本應可進行沽空，但進一步考慮到量，即 MACD 的動量指標，便發覺金價跌破支持後，但 MACD 的快慢線還是比先前的低位高（一般稱作底背馳），不但不應考慮沽空，還應等待上升趨勢是否確定，並考慮買上。到 2016 年初，金價已再度回升在 1,073 的水平之上，但是，如何確認上升趨勢已形成呢？你應該還記得 MACD 是改良移動平均線的指標，它的反應應該比移動平均線快一些。當 MACD 的快慢線同時向上超越 0 軸，是確認向上的第一個參考指標。再者，當金價可以維持在 20 天及 50 天移動平均線之上，便是確認向上的第二個參考指標。為何只是參考指標呢？你只需再深入看清楚金價同時高於 20 天及 50 天移動平均線之上前的陰陽燭的表現，便會發覺 20 天移動平均線上穿 50 天移動平均線的交叉真的是滯後於金價的。

圖十六顯示，在 20 天移動平均線上穿 50 天移動平均線之前，金價已從 1,113 以三枝陰燭連續下跌了三天，是否要放棄買上的部署呢？不是，應該繼續觀察陰陽燭如何顯示市場的集體行為。及後，金價再一次測試 1,073 的支持位，這時是否確認向上呢？不是，應該確認不破支持位後再向上，如果可上破較早前的高位 1,113，買上的勝算便更高了；加上，止蝕位便可

圖十六：黃金日線圖

放在 1,113 以下，即再上破 1,113 後的前低位 1,092，只是 21 美元。再以最多可虧損的資金（或買賣單位）作為投入資金或合約大小的準則，這樣不單是有效的資金管理，更是輸少的重要策略。這時也必須計算一下回報與風險比率：

$$\frac{可能的最高利潤}{可能的最高虧損}$$

可能的最高虧損是 21 美元的話，可能的最高利潤應該是多少呢？再看看圖十五，上方的阻力水平應該是 1,190，將 1,190 減去 1,113，即是 77 美元。回報與風險比率就是：

$$= \frac{77}{21} = 3.67：1$$

再留意陰陽燭在突破 1,113 後，便以兩天的陽燭上升，這樣便可放心持有買上的合約了。可是，只做到輸少或不輸是不夠的，下一步的重要策略就是如何贏多。若要贏多，便不應只看著阻力價位來獲利了。MACD 及 20 天和 50 天移動平均線這兩個參考指標也可以運用。

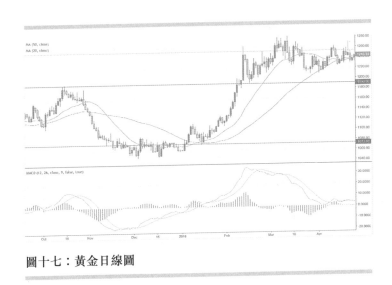

圖十七：黃金日線圖

圖十七顯示，當金價突破了 1,190 的阻力水平後，MACD 的快慢線仍然是向上的，並沒有轉向或相交的跡象；而 20 天及 50 天移動平均線也繼續向上，也並沒有轉向或相交的跡象，所以，應該繼續持有。在 2016 年 2 月 11 日當天，從 1,197 升上最高 1,263，一共上升了 66 美元 1 盎斯，當天收於 1,246。憑經

驗，一天有這樣的升幅，比當時的平均升幅多出太多了，是見頂的其中一種訊號。所以，翌日的表現就特別有參考作用了。在 2 月 12 日，開市價位也是在 1,246，但最高只是 1,248，上升 2 美元後便下跌，最低價位在 1,232，這個價位是相當有參考價值的，待第三天，如果價位還是高於 1,232 的話，便繼續持有並觀望。可是，若前一天的最低價位都跌穿，便是平倉獲利的時候了。這時再計算回報與風險的比率：

$$\frac{最高利潤}{最高虧損} = \frac{1,232-1,113}{1,113-1,092} = 119:21 = 5.67:1$$

正如前面所說，長期做對決定，回報與風險比率會不斷提高，也是最有效確保贏的金額遠遠超過輸的金額，這樣才可以達到長期的正回報。

但是，趨勢也可分長期、中期、短期或超短期，你應該捕捉哪種的趨勢呢？

自我檢討

我完全掌握輸少贏多的原理嗎？

_____

_____

_____

_____

_____

如何證明我能做到輸少贏多呢？

_____

_____

_____

_____

_____

必要條件四：時間架構

　　若要客觀地確認趨勢，還是要回到最基本、最核心的要素：價。但是，在不同的時段中，價的變化會有所不同嗎？請你客觀地觀察圖十八至二十一吧。

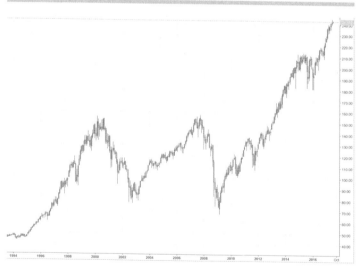

圖十八：SPDR S&P500 ETF 1994–2017 月線圖

　　美國標準普爾 500 指數（S&P500），是一個由 1957 年起記錄美國股市的平均記錄，觀察範圍達美國的 500 家上市公司，更是全美國第二大的指數，能夠反映更廣泛的市場變化。而

SPDR S&P500 ETF (Exchange Traded Fund) 是追蹤 S&P500 指數的交易所買賣基金。圖十八的月線圖只顯示從 1994 年到 2017 年的每月 SPDR S&P500 ETF 的價位變化，當中的陰陽燭代表著每月的月初價位、月中最高價位、月中最低價位及月底價位。從趨勢的角度觀察，明顯地，當中有三次上升趨勢和兩次下跌趨勢。第一次的上升趨勢維持了超過五年；第二次維持了大約五年；第三次是由 2009 年開始，到 2017 年 6 月，還沒有回落的跡象，即維持了超過八年。第一次下跌趨勢維持了接近三年；而第二次只維持了大約一年半。

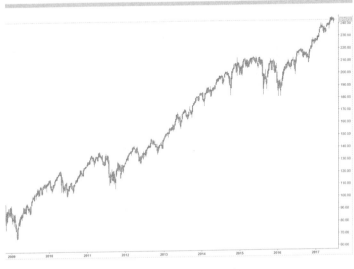

圖十九：SPDR S&P500 ETF 2009–2017 週線圖

圖十九週線圖中的陰陽燭也代表著每週的週初價位、週中
最高價位、週中最低價位及週末價位。大致上，整體的趨勢是
向上的，但卻不難發現有多次的下跌。如果再深入觀察圖二十
2016–2017 年的日線圖，當中的趨勢就充滿了上下的波動了。

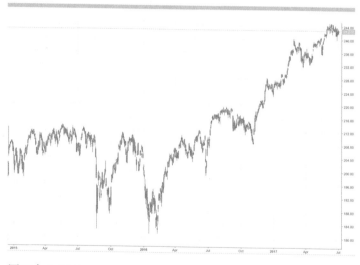

圖二十：SPDR S&P500 ETF 2016–2017 日線圖

再看看圖二十一 a 及 b：2017 年 6 月的 30 分鐘圖和 5 分鐘
圖的比較，你將會發現：雖然主趨勢是向上，但在短期或超短
期中，波動是十分平凡，表面上和向上的主趨勢看似並不相關。

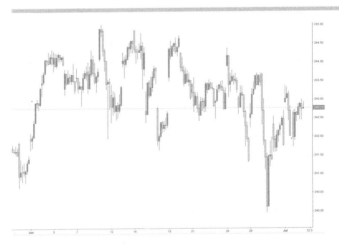

圖二十一 a：SPDR S&P500 ETF 2017 年 6 月 30 分鐘圖

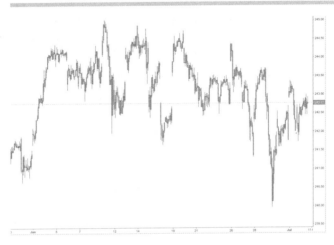

圖二十一 b：SPDR S&P500 ETF 2017 年 6 月 5 分鐘圖

同樣是 SPDR S&P500 ETF，但在不同時段的觀察，你會否有以下的結論：

1. 時段越長，要判斷或確認的趨勢就越明顯。
2. 在一段較長的上升或下跌趨勢中，必然存在著短期的相反趨勢。
3. 以趨勢來捕捉機會，較長時段的買賣機會遠少於較短的時段。
4. 雖然長時段的趨勢較明顯，但新的變化要在短時段中發現。

時間架構非一成不變

基於這些結論，如要在捕捉趨勢中獲利，哪種趨勢是比較上算呢？若以輸少贏多的準則，應該是越長的趨勢就應該越好，即是要觀察月線圖或週線圖？可是，等待或捕捉的機會可能是一年一次，甚或數年一次。你可有這種長期觀察及等待的耐性嗎？還要克服人性的怕贏不怕輸的通病，你可否持續以月或年計的時間一直持有盈利的資產？別忘記，在較長的趨勢中，必定出現一些相反的走勢，屆時先獲利的誘惑是很難抗拒的；或者，是否轉勢的憂慮也可妨礙堅持下去的信念。還有，

雖然交易的次數不多，但以月線或週線圖作買賣準則，要預計可能最高虧損的金額必然是相對較大的。

那麼，又是否交易的時段越短越好呢？明顯地，隨著將觀察的時段縮短，相對的波動就較多（不一定大，因為在一日或一小時內，除非發生很特殊事件，很少機會出現很大的波動幅度），相應的機會也多了。但要考慮的是：（1）交易頻繁了，交易成本也隨之增多了；（2）幅度不是太大的情況下，未必長期做到輸少贏多的結果；（3）過度交易容易產生非理性或衝動的買賣。為了彌補不足，進行超短線時段的策略，必須在指定相對活躍的時段進行，例如：有特別公佈或事件發生的前後，又或在歐洲及美國同時開市的時段。一般只交易數小時，便必須停止及平掉所有的持倉。既然在短線的時段交易，目的是為了增加交易機會，但每次的幅度未必很大，所以絕對要避免所有可能發生輸多贏少的錯誤。

總結而言，選擇時間架構並非一成不變，大前提也是回到二大原則：一、提高個人優勢——適合自己習慣的交易時段；二、增加交易勝算——有限風險但回報可觀的操作。

自我檢討

我完全掌握時間架構的原理嗎？

_____

_____

_____

_____

_____

哪一種的時間架構適合我呢？

_____

_____

_____

_____

_____

必要條件五：不斷改進

要交易獲利，最有效的學習途徑，不是去研究理論、不是去參加課程、也不是跟著專家的做法，而是**跟市場學習**。若要不斷改進，最有效的方法是從現實的市場中實習（real life practice），觀察及分析市場，從中判斷何時是機會，計算回報及風險，選擇合適的交易工具，再考慮資金的運用和控制，以及入市和止蝕的部署，耐心觀察市場的變化，確定在利潤最大化的前提下才獲利。這些都要詳細的記錄下來，然後跟蹤相關的進展及結果（report back）。在過程中，要不時回顧原定的計劃及部署有沒有偏差，再不停檢視實際客觀條件的轉變，繼而作出適當的回應與修正（review）。在完成每一次的交易後，必須深入分析個人和市場的表現及變化，找出正確或錯誤的原因，並了解當中不同的轉變因素，列出必須改良的部份，發展更有效的策略與技巧（refinement）。這一連串的步驟便是 4R 改進程序。

佐證

全球最大對沖基金 Bridgewater 創辦人達里奧（Ray Dalio），1949 年出生於紐約皇后區。畢業於紐約長島大學金

融系，並獲哈佛大學工商管理碩士。他年僅 12 歲時便作出人生第一項投資，以 300 美元買入東北航空公司的股票，其後公司被收購，股價升了兩倍，為他賺得第一桶金。畢業後，達里奧進入紐約證券交易所，期間對商品期貨買賣感興趣，其後到 Dominick & Dominick LLC. 出任商品交易部門主管。25 歲時加入 Shearson Hayden Stone 任職顧問，一年後在康涅狄格州成立了 Bridgewater，估計現時管理超過 1,600 億美元（約 1.25 萬億港元）資產。成立至今更累計進帳 450 億美元，多於任何一個對沖基金，包括前紀錄保持者索羅斯旗下的量子基金。Bridgewater 的成功亦反映達里奧的投資眼光獨到，他早於 2007 年曾預測全球將爆發金融危機。他嘗試讓大眾理解經濟如何運作，甚至連聯儲局前主席伏爾克（Paul Volcker）也是他的支持者，稱他的理論非主流，但可讓大家理解經濟是什麼。2011 年，他發表了長達 123 頁名為「規則」（Principles）的文件，根據他大半生的觀察、分析和實際應用，歸納出一套適用於投資和企業管理的邏輯思維以及個人哲學理論。他三年前更在 YouTube 上載一段 30 分鐘的影片，講述他的投資秘訣和經濟理論，至今已吸引超過 320 萬人次觀看，並翻譯成日文、中文和俄文等七種語言版本。達里奧的理論來自他擔任交易員時的反思和研究經濟史。他只閱讀很少學術經濟書籍，卻能深入分析

過去經濟動盪的時期，例如 1920 年代尾起的經濟大蕭條；他會假設自己是不同時期的投資者，透過閱讀那時的報章以獲取當時數據，進行模擬交易。除了經濟觀點，達里奧的成功法則亦非常特別，透過持續思考歷史如何重演，得知哪些方法出錯，並樂意接受批評以找出錯誤，過程需要保持謙卑和恐懼，不能心高氣傲。別樹一格的思考方法亦應用在他的管理哲學上，Bridgewater 的公司文化「高度透明」，員工所有會議和面試都會被記錄，並鼓勵他們批評同事、上司甚至達里奧本人。他亦非常重視招聘適合的人，相信招來錯誤人選會帶來的問題更大，並著重求職者個人性格和思考方法多於實際技能。

撰寫交易日誌

執行 4R 改進程序，最有效也最必要的工具是交易日誌（journaling）。每次準備交易時，首先要詳細記錄交易的「**事前行動**」。許多人都熟悉事後行動，即在知道結果後才去分析決策，但卻忽略事前行動。事前行動即發生在決策之前的一個程序。假設自己身處在未來的某個時刻，而且做出的決策也已經失敗了，然後為這次失敗提供合理的理由。實際上，在做出決

策之前，就要試圖確定所做的決策，為什麼有可能會導致失敗的結果。與其他技巧相比，事前行動可以幫助自己識別出更多的潛在問題，並鼓勵更多的開放交流與衝擊，因為此時還沒有開始執行一個決策。

交易日誌提供類似內省的一種結構性工具，能跟蹤個人的事前行動，留心可能導致失敗的來源，發現問題的徵兆，以及克服各種的心理陷阱及行為偏向。所以，交易前必須預想到可能出現的問題。其實，交易中很多人的雄心壯志最終都成為泡影，主要是因為事前拒絕思考事情會有不順利的時候，到出了一些本來可以預防的問題後，沒有應急方案。外部因素的影響實在太大了，有時明明已經做得很好，卻事與願違，沒有獲得預計的結果。世事並不像學院裏所教的那樣按部就班，總有出人意料之事發生，而且還是接二連三的。對此，你能夠做的，就是做好最壞的打算，以及做好心理準備及預演。

在實際行動中，需要設立一個提供反對意見的機制，專門制止失敗的行動以及盲目樂觀的情緒。做好最壞的打算，會是避免出現問題的有效預防措施，也能培養更好的忍耐力。「**機會是留給有準備的人**」，如果自己提前做好準備，而別人沒有準備，市場出現狀況時，將是難得的機遇。因此，考慮到事情的

最壞情形是至關重要的，而這一點在有盈利時通常會被忽略。因各方面的因素都在不斷變化，但人性會傾向堅持已有的觀念及決策。所以，另一個有效的策略是：**假如這一刻才做決定，你還會做出同樣的行動嗎？**

在交易日誌中，先寫下你構想的交易計劃、你是基於什麼因素來得出這個構想，以及你期望得到怎樣的結果；同時，寫下所有可能導致交易計劃失敗的因素，必須符合定下的各種條件才採取行動，並要切實執行已定下的資金管理原則，設立止蝕價位及計算回報與風險比率，繼續留意可能發生的重大轉變，牢記長期獲利的原因必須符合「輸少贏多」的準則。

每次交易完成後，必須回顧及總結做對及做錯的行為及原因。保持寫日誌的良好習慣，可以帶來兩個好處：第一，讓你審核自己的決策。通常在做出一個決策並觀察其結果（特別是好的結果）之後，大腦就會修改當初做決策的過程。親手寫下你的決策過程，這樣就不會那麼容易在事後想出新的解釋了。尤其在做決策的過程中，當良好的過程產生失敗的結果時，這個審核過程就特別有用。第二，助你尋找潛在的模式。當回顧自己的日誌時，你或會看到自己的感受和決策過程之間的關係。例如，當你心情好的時候，你更有可能對自己的評價過於

自信，或者，在決策和行動時，一點都沒有感覺到自己的賭性，但過後重新回顧整個過程，才發現自己不自覺的賭博行為。

只有自省才能真正承認自己在交易中所犯的個人偏誤。如果自己都沒有發現也不承認，無論別人怎樣勸告或幫助，對認清並改善交易中的心理陷阱與行為偏向，是起不到任何作用的。每一次的交易結果，都是改善與進步的機會。從所獲取的結果，與事前行動和過程作一比較，並冷靜地分析和尋找其他有效的策略及技巧，這種「事後行動」越深入詳細，越有可能發現自己的真正盲點，因為從實際操作中自我反省，並有針對性的學習，能夠彌補自己的不足，並且可以繼續不斷的進步，發展更佳的策略和技巧，以獲得更理想的成果。

交易日誌

構想的交易計劃：

_____

_____

_____

構想的主要因素：

_____

_____

_____

期望的結果：

_____

_____

_____

可能導致失敗的因素：

_____

_____

實行交易的必要條件：

_____

_____

實行預設的資金管理：

_____

_____

設立止蝕價位及計算回報與風險比率：

_____

_____

在交易中發現的重大轉變：

_____

_____

獲利的原因：

_____

_____

成功的元素與失敗的元素：

_____

_____

實際結果與期望結果的差距：

_____

_____

沒有做的行動或忽略的事項：

_____

_____

更有效的策略及技巧：

_____

_____

回饋分析法

另一方面，假如想糾正自己在交易中重複的錯誤，惟一的途徑就是採用回饋分析法（feedback analysis）。交易日誌也可以很好地發揮有關的功效。一段時間後（需視乎交易的時段屬長期、中期或短期），再將實際結果與自己的預期比較。只要持之以恒地運用這個簡單的方法，就能在較短的時間內，發現自己慣常的偏誤——這是你需要知道的最重要的事情。在採用這個方法之後，你就能清楚知道，自己正在做（或沒有做）的哪些事情，會讓你的交易無法得到滿意的結果。同時，你也將看到自己哪些方面的交易能力和情緒反應，需要加以修正和提升。最後，你還將了解到自己在哪些方面完全不擅長，做不出成績來。

如果你對待改善自己決策的態度是認真的，對回饋也比較開放的話，那麼你已掌握一種簡單、經濟而具有很大價值的技巧。回饋分析法提供具針對性的學習範圍與方向，不但因應個人內在及外在的不斷變化，去作出適時和適當的補充及修正，而且還培養出獨立兼多項應變的思維，主動學習並發展有利自己的交易策略與技巧，不斷改善個人在心理與行動方面的優

勢,提高交易的勝算——回報,這樣才有條件達到長期的正
回報。

經過若干次的交易後,你可以從結果中檢視自己如何發現
交易機會、如何有效管理資金、如何識別交易中潛在的差異,
以及如何縮小每次交易失敗的損失和擴大每次交易成功的利
潤,而且更可在一段時間中評估以下的指標:

1) 成功概率

$$= \frac{交易的獲利次數}{交易的總次數}$$

2) 報酬率

$$= \frac{交易獲得的平均利潤}{遭受到的平均損失}$$

如果交易的成功概率提高,報酬率也就會相應提高,即交
易的能力就越趨成熟及有效了。只要持之以恒,遵守資金管理
的守則,有系統地加大每次交易的可虧損本金,在合理的回報
與風險比率下,執行持續有正回報的交易系統,資金在開始時
並不需要很多,當交易能力不斷提高,經過長時間的考驗,結
果卻可以很驚人的(參看表一)。

表一：資產回報表

年份	資產總值			
	每月回報 1%	每月回報 1.5%	每月回報 2%	每月回報 3%
0	$100,000.00	$100,000.00	$100,000.00	$100,000.00
1	$112,682.00	$119,561.82	$126,824.18	$142,576.09
2	$126,973.46	$142,950.00	$160,843.72	$203,279.41
3	$143,076.88	$170,913.95	$203,988.73	$289,827.83
4	$161,222.61	$204,347.83	$258,707.04	$413,225.19
5	$181,669.67	$244,321.98	$328,103.08	$589,160.31
6	$204,709.93	$292,115.80	$416,114.04	$840,001.73
7	$230,672.27	$349,258.95	$527,733.21	$1,197,641.61
8	$259,927.29	$417,580.35	$669,293.32	$1,707,550.56
9	$292,892.58	$499,266.67	$848,825.76	$2,434,558.80
10	$330,038.69	$596,932.29	$1,076,516.30	$3,471,098.71
11	$371,895.86	$713,703.09	$1,365,282.97	$4,948,956.78
12	$419,061.56	$853,316.38	$1,731,508.92	$7,056,029.01
13	$472,209.05	$1,020,240.57	$2,195,971.98	$10,060,210.18
14	$532,096.98	$1,219,818.17	$2,785,023.45	$14,343,454.18
15	$599,580.20	$1,458,436.77	$3,532,083.14	$20,450,335.96
16	$675,621.97	$1,743,733.50	$4,479,353.45	$29,157,289.13
17	$761,307.75	$2,084,839.46	$5,681,134.08	$41,571,322.40
18	$857,860.63	$2,492,671.95	$7,205,051.69	$59,270,765.50
19	$966,658.83	$2,980,283.87	$9,137,747.68	$84,505,939.18
20	$1,089,255.37	$3,563,281.56	$11,588,873.52	$120,485,262.79

自我檢討

我完全掌握 4R 改進程序及交易日誌的編寫嗎？

_____

_____

_____

_____

_____

_____

我會採取什麼的行動計劃去不斷改進呢？

_____

_____

_____

_____

_____

_____

第五章

發現機會

　　每年金融市場都會發生大大小小不同的事件,當中牽涉有政治、經濟、產業、能源等等。每一次的事件都會帶來機會,但機會只是留給有準備的人。例如,在 2016 年就發生了英國公投決定退出歐盟。

英國脫離歐盟

　　前英國首相卡梅倫的豪情壯舉,是於 2016 年 6 月 24 日舉行全國公投,「脫歐」陣營贏得超過半數的民眾支持,結果英國在加入歐盟四十三年之後正式脫離,而卡梅倫也宣佈辭職,並由文翠珊接任首相。6 月 24 日當天,英鎊兌美元便由最高的 1.50186 跌至最低的 1.32263。到了 10 月 7 日,市場憂慮脫歐後的英國將失去金融中心的地位,並削弱了在歐盟中的優惠而影響經濟,英鎊兌美元最低跌至 1.19048,是三十年來兌美元的最低匯價,比 2008 年金融海嘯後的最低匯價 1.35016 還低。這是機會嗎?

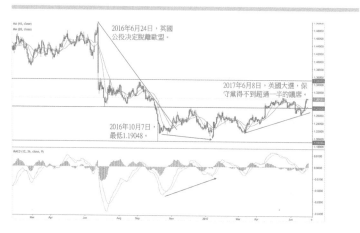

圖二十二：脫歐後英鎊走勢圖

　　從圖二十二中看到英鎊一年來的發展，於 2017 年 1 月 16 日，兌美元最低曾見 1.19860，比上次的低位 1.19048 還高，可初步假設雙底成立。再觀察 MACD 形成背馳，以自己可承受的最高虧損，可嘗試買入英鎊，但世事難料，市場永遠充滿不確定性，所以將 1.19048 作為止蝕位。到了 2017 年 3 月 14 日，最低價位 1.21088，仍然高於上一個低位 1.19860，亦可先假定是一底高於一底，繼續持有英鎊，並將止蝕位定在最初買入時的價位，嚴守保本至上。到了 2017 年 6 月 8 日，首相文翠珊希望藉提前大選，令保守黨可得到超過一半的議席，達到確立自己作為首相的認受性，更有力地代表英國在 2017 年 6 月 19 日開

始，正式與歐盟展開脫歐談判。可是，事與願違，大選的結果還打擊文翠珊的首相地位。雖然保守黨大選失利，但英鎊兌美元只跌落到 1.25894，仍然是一底高於一底，為了確保利潤，更可將止賺位定在 1.21088，繼續持有英鎊。及後，市場還解讀文翠珊失勢，有利軟脫歐，甚至不脫歐。再加上，因英鎊大跌，令英國的通脹率接近四年高位，英國央行還有條件進行加息。結果，英鎊兌美元升到 1.3 以上。為了爭取更高的回報，止賺位便可推上到 1.25894，但要繼續持有英鎊，希望英鎊未來可回升到 1.35、1.4 或更高水平。

特朗普成為美國總統

2016 年還有一件大事，就是在 11 月舉行的美國總統大選。在選舉前，所有民意調查都顯示民主黨的希拉莉應會大熱勝出。還有不少學者、投資專家及基金經理揚言，一旦特朗普爆冷成為總統，美國股市將會大跌。2016 年 11 月 4 日，標普 500 指數最低是 2,083.79，當越接近選舉日 11 月 6 日，指數便一直上行，當宣佈特朗普獲勝後，標普 500 指數並攀升到 2,170.10。這種應跌而不跌的市場反應，便是入市的機會，但一定要嚴守止蝕，即是一旦指數跌穿 2,083.79 時，一定要馬上離場。即使

在 11 月 6 日的高位 2,170.10 買入，根據止蝕位，最多虧損是
86.31 點，以此為準則，再以自己可承擔的最大風險，即最多
可虧損多少錢，便可定出應要投入多少的資金了。事實是當特
朗普成為總統後，美國股市不但不跌，還一直上升。直至 2017
年 1 月 20 日，特朗普正式就任成為美國第四十五任總統，標普
500 指數更升上 2,276.96。及後，又有專家及基金經理警告，美
股整體偏貴，而特朗普效應在就職典禮後，便會慢慢消退。可
是，直至 2017 年 5 月 24 日，標普 500 指數還升破 2,400 點。
當特朗普成為美國總統後，美股還是高歌猛進，在特朗普效應
下，三大指數（道瓊斯工業平均指數、標準普爾 500 指數及納
斯達克綜合指數）屢創新高（圖二十三）。

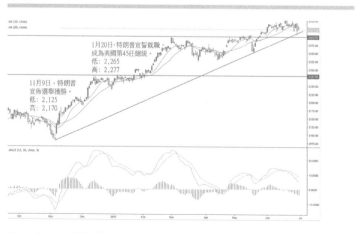

圖二十三：特朗普當選後標普 500 指數走勢圖

2008 年全球金融海嘯

因為美國長期的寬鬆借貸政策，加上，當時的聯儲局主席格林斯潘深信市場有自我復原的能力，當出現任何的金融危機，便以大幅減息來應對。甚或，為了製造經濟繁榮，長期壓低利率，結果造成房地產泡沫。更嚴重的是，金融業為著在低息的環境中，以高息的產品來吸引客戶，便將劣質的次級按揭貸款打包出賣給投資者。為著追求最高利潤，不同的金融機構不斷地將整個信貸市場急促膨脹到史無前例的規模。當樓價下跌，按揭貸款違約，一輪的連鎖反應，更令銀行倒閉，最終釀成席捲全球的金融海嘯。當時，經濟學者、投資專家、末日博士紛紛發表極度悲觀的言論，更稱比 1929 年更嚴重的大蕭條即將來臨。但結果是？請看圖二十四至二十九。

過去的機會錯過了，不要緊！正如全球最大對沖基金 Bridgewater 創辦人達里奧的自我改進方法，就是將過去金融大事件的前因後果詳細分析及作出總結，這是最有價值的學習及準備。

將來也一樣，處處是機會，只是你有沒有鍛煉自己的能力去捕捉及有策略地爭取你可得的利潤。

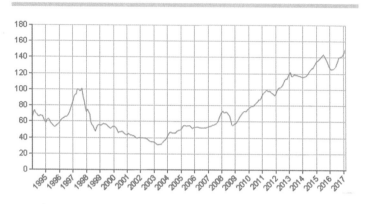

圖二十四：2008–2017 年香港中原城市指數 CC

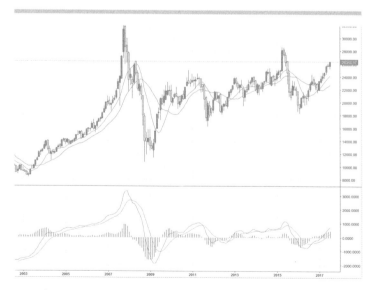

圖二十五：香港恒生指數 2008–2017 年月線圖

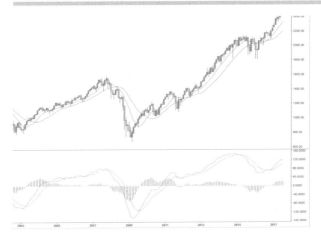

圖二十六：美國 S&P500 指數 2008–2017 年月線圖

圖二十七：德國 DAX 指數 2008–2017 年月線圖

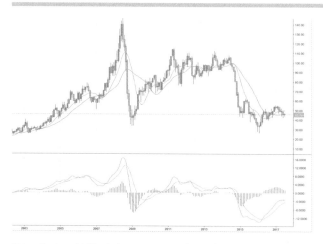

圖二十八：紐約原油 2008–2017 年月線圖

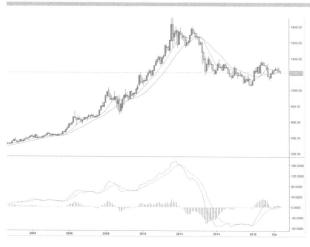

圖二十九：黃金 2008–2017 年月線圖

自我檢討

我過去有沒有留意到有關的機會呢？

_____

_____

_____

_____

_____

_____

_____

_____

_____

_____

_____

_____

_____

_____

_____

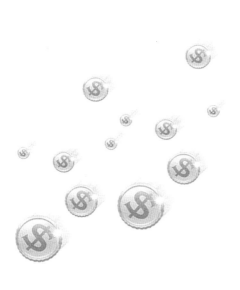

第六章

心動不如行動

　　知道了、明白了，不代表做得到。所有原則及策略，必須經過現實的考驗；多合理的解釋，勝不過實際的結果。

第一階段：模擬訓練

　　當你在一段時間內了解了市場，並開始得出交易計劃的構想，這時，你最好運用模擬的方式來逐步引證你的構想的可行性及結果（在網絡世界中，開設交易模擬戶口很普遍，跟真實戶口的操作是一樣的）。

第二階段：保本訓練

　　當在模擬訓練中，已證明你的策略與技巧已經可以得到理想的結果後，就一定需要運用真正的資金，以真實的帳戶，開始實施有關的策略與技巧。你會發覺模擬和真實的操作有很大的不同，在真實並有金錢操作的環境下所帶來的壓力，一定比模擬的操作大很多。往往在模擬操作中很成功的交易，到真實的操作時，可以是一敗塗地；明明應該奏效的，卻變成失靈。原因是你開始需要駕馭自己的心理及在市場變化中的反應。可想而知，你的資金越大，你需駕馭自己的能力就越大。在這階

段,千萬不要運用太多不同的策略或參與太多不同的市場。因為你每一次的行動,都需深入研究每一個的細節,務求完全掌握每次結果的因由及各項變數的相關轉變。所以,太多項目及頻繁改動,只會帶來沒把握的隨意交易,甚至憑感覺及運氣,這樣的交易便淪為不理性的賭博。此外,要避免在初階段受到嚴重的打擊,先以最小的本金開始,首要目標是確保在長期交易中都可以保住本金。當你能夠培養出保本的能力,下一步就是獲利了。

第三階段:增長訓練

在保本訓練中養成止蝕習慣後,就需確保在實際的資金管理中可以駕馭到人性在金錢上的弱點——恐懼與貪婪。請你記住,如果交易策略或系統長期都達不到最起碼的要求——保本,就完全不用說加大本金、擴大市場類別以及長期增長了。當你擁有一個屬於你的交易系統,它不但能保本,還可以持續增長。你不要急不及待地去開發新的策略或系統,甚或參與其他不同的市場,當你再進一步改善並了解原有系統的極限後,這樣你才有條件發展另外一個更好和更有效的新交易策略及系統。事實上,有效及適合自己的交易系統,世上不會有很多。

假如你能切實按照上述三個階段進行交易，那麼你已經是在執行一種自我控制的訓練。先用模擬戶口的好處是，除了可以熟練本書前述交易的幾個必要條件外，還可讓你考驗自己的構想，不會過度自信之餘，也能感受市場的波動及不確定性，並打好交易的基礎，這才是最有價值的。

大家必須牢記要以最小的本金或最低的交易資金開始，以考驗自己在有實質金錢虧損中的反應。當然你可能會想，參與的金額相對少，不能構成很大的壓力。這是非常錯誤的想法，如果因為金額少而掉以輕心，甚至有「輸了都無所謂」的心態，只是代表你並沒有對金錢抱著嚴謹的態度。當你能體驗到虧錢容易、賺錢艱難的現實，這樣才可鞏固保本至上的心態，而這也是你一生受用的金錢態度。能以最小的本金，慢慢滾存並平穩增長，這才是可靠的交易系統，可以證明你是用實力賺回來的。只靠一時的運氣而大賺一筆，並不值得高興，尤其當你誤以為賺錢是全憑自己的實力，後果將會非常慘痛。只有長期穩定的正增長，才是最可靠的實力證明。

自我檢討

我會如何採取行動？

_____

_____

_____

_____

_____

_____

_____

_____

_____

_____

_____

第七章

最後的忠告：拒絕無知

文學家馬克・吐溫（Mark Twain）說：「人不是被一無所知的事所害，而是遭深信不疑的事所累。」

誰令自己無知？

回到開始時的主題──無數人都希望擁有更多的財富，即使你想以錢賺錢（投資也好、投機也好，千萬不可賭博），又或在個人的職涯中有所成就，甚或創立自己的事業，但切記一定不可容許自己無知。在不斷吸收和理解外間事物的過程中，必須客觀分析，然後作出理性的判斷，這對減低個人的無知，尤為重要。但是，誰是令人無知的罪魁禍首，當然是自己本人。

這裏以香港的六合彩為例，說明無知是如何形成的。據統計，香港六百多萬成年人口中，有近四百萬人曾購買六合彩。六合彩可說是一項 49 選 6（推出初期是 36 選 6，其後不斷增加數字）的獎券遊戲，共有七組獎金。開獎次數為每星期攪珠三次，通常於星期二、星期四及星期六或星期日晚上舉行。每期六合彩投注總額的百份之十五會撥歸獎券基金，直接回饋社會作慈善福利用途。香港賽馬會自 1976 年經營六合彩獎券活動以來，為獎券基金帶來 220 億港元撥款，支持超過二萬個項目（有關六合彩的詳細資料，可瀏覽香港賽馬會網站 www.hkjc.com）。

要贏得六合彩的頭獎，就得買中機器從 49 顆彩球中隨機攪出的 6 顆球。這聽起來好像不是很困難，你也可能覺得買中的機率應該是 6/49，或是約 1/8。不過，就像大多數的賭博，這是一種誤解。真正的中獎機率遠遠低得多。如果 49 顆球裏只有 6 顆有數字，中獎只需攪到這 6 顆球裏的其中一顆，那麼 1/8 就沒有錯。然而，中頭獎的條件要比這困難得多：要從 49 顆球裏，把 6 顆正確的球都攪出來，每顆球都有它們自己的號碼。要做到這件事，機率真的非常渺茫，大約是 100 億份之 1。為什麼這麼低？因為攪出第一個合乎選取號碼的機率是 1/49，從機器裏剩下的 48 顆球裏，攪出第二個合乎選取號碼的機率是 1/48；攪出第三個合乎選取號碼的機率是 1/47；如此類推，一直到攪出第六個合乎選取號碼的機率是 1/44。機器是隨機選球，每次選球都是獨立事件，因此買中任何號碼組合所有六顆球的或然率，就是把這些或然率相乘起來，即 (1/49) x (1/48) x (1/47) x (1/46) x (1/45) x (1/44)，計算結果差不多是 100 億份之 1。這相當於買中六合彩頭獎的人把 10 袋 1 公斤重的白糖倒在地上，要從糖堆裏挑出一粒他們染成黑色的糖；此外，只有一次機會，而且要蒙上眼睛。祝君好運！

當然從做善事著眼，機會渺茫些也無可厚非。但如果每一期都買，甚至記下每一期的結果，希望從中找出規律，再發展

一套策略來買六合彩。如果真的以此寄予厚望的話，也就是被無知所害。

這裏舉六合彩為例子，只是想說明很多人看著可觀的獎金，再想到只需用很少的本錢，一旦中了頭獎，將可以改變一生，實在太美好了！然而，現實的情況是，一般的不理性判斷，都是離不開自己的主觀願望和一廂情願的想法。那麼，怎樣可以排除主觀願望，作出理性判斷呢？你要問自己一個重要的問題：**在這個過程中，我有多少的勝算？**

你可以在搜集資料和親身考證後，認真回答這個問題，當你能培養出這種思維及採取求證行動，以後無論是在投資、投機、工作、事業中，都能作出理性的判斷，排除無知，對增加自己的財富，將得到莫大的裨益！

亞當‧斯密（Adam Smith）曾說：「假如你不了解真正的自己，只需在股市裏付出不菲的代價，便能真正認識自己。」

人貴乎自知

可是，人類最大的無知，就是從來不會深入去了解自己。

無論用什麼手段增加財富、擁有財富，又有多少人曾經認真自問：我是如何思考的？我的信念是什麼？我的能力和特點是什麼？我的自我感覺如何？我對自己的了解有多深？我會否容易受別人和環境所影響？面對貪婪與恐懼，我的自制力有多強？我受情緒困擾時，多久才可平復過來？我是否真正認為自己應該成為擁有財富的人？

交易市場上，總是賺錢的人少、虧損的人多，虧損的比例大都超過 80%，甚至 90%。但是，為何參與者普遍都漠視這個現實，還認為很多人在交易中賺錢，甚至成為世界首富，所以自己也應該可以做到。對於這種過度自信的心理，以及不自覺地存在著的代表性偏見，有多少人在交易前便明白？又有多少人願意承認自己在交易上的認知偏誤？在交易的過程中，不經

意地跟著群眾一起貪婪與恐懼，有多少人能認清羊群效應並抵擋有關的引誘？更難避免的是，自己一直在賭博，卻自欺欺人地將它美化成投資。

一般人在交易失敗後，普遍都不能汲取教訓，不但不去止蝕，而且還不斷加大投入的資金。很多有經驗的參與者，甚至基金經理也常犯這種人性的通病，有多少人在交易後會深入檢討及改進自己所犯的錯誤？很多人努力學習及參與交易，他們參加課程及講座，不論是基礎分析或技術分析、各種的買賣策略與技巧，無不嘗試及長期鑽研，甚至聽從專家分析及跟隨著名的大師做買賣，也會經常留意市場消息，緊盯著價位變化，但是這樣做，真的有效嗎？對增加自己的財富，真的有作用嗎？

現實中充滿著不確定性，意料之外的事往往經常發生。所以，沒有絕對的勝算。除了盡力增加勝算，還應不斷地提高自己的優勢。優勢並不是要事事比別人強，而是了解自己的長短處，揚長避短。有人經常盯著自己的缺點，並且加緊去改善，但是從一般人的習性考慮，改善缺點，需要頗長的時間，甚至可能對自己造成負面的打擊。可是，掌握自己的強項，再加以發揮，效果必然來得正面及顯著。

增加個人財富，並不是只著眼於潮流，人云亦云。跟著趨勢走，也應該了解自己的優勢，切勿自暴其短，反被趨勢所吞沒。你要以錢賺錢或事業有成，除了看準機會，也必須學習並發展適合自己的策略及技巧，才可不斷地發揮自己的優勢。此外，深入了解自己的真正**需要**（need），如自我形象、人際連繫、成就、歡愉快感等；**特性**（characteristics），如偏見、理智、獨立、耐性、自我等；還應不時考量自己的**力量**（capacity），如風險承受能力、資本、收支等；也應關注身處的**處境**（circumstances），如政治、經濟、政策等。本書稱這為N3C。隨著時間的改變，你要在不同的階段，按自己的獨特處境去評估，並在不斷轉變的條件下，提升個人優勢，改善自己在增加財富過程中的認知、行為和情緒。

解碼

什麼是 N3C？

需要（need）：你有什麼需要？

特性（characteristics）：你是個怎樣的人？

力量（capacity）：你的長處是什麼？

處境（circumstances）：外在環境和你在生活中發生了什麼事？

需要：在人生不同的階段，需要也各有不同；隨著人生的進程或處境的變化，我們的需要也會改變。我們以現階段的需要為分析起步，而回顧現在的狀況，可對自己有更深入的認識。例如，現在的生活支出，會花在那些範疇上？消費模式如何？另外，有什麼生活是自己嚮往的？這些探索可幫助自己發掘需要；明白自己的需要，才可訂立更切合需要的目標。

處境：自己所處的人生階段、工作及家庭狀況、感情發展（單身、拍拖、同居但沒有計劃結婚）等，就這些方面作較嚴密細緻的分析。當然，我們亦會按不同的人生階段策劃將來的生活，預計種種情況而作出籌謀，例如未來的醫療開支將會增加，而且在不同人生階段，收入也有變化，起碼退休後就不可以再靠工作的收入維持生計。

特性：認識自己是個怎樣的人：喜愛冒險？喜歡不斷探索去尋找新刺激？尋求安穩生活？是否容易受他人影響？能否堅定不移，穩守方向往目標進發？可承擔的風險？有否過人的耐性？會不會較容易緊張？

力量：認清自己有什麼能力？有哪些謀生技能？將來的收入趨勢如何？有怎樣的人際關係網絡？有沒有家

人的支持？社會可否提供足夠的保障？還要清楚知道自己在逆境中的抵抗力、在團體中的領導力、在工作上的執行力等等，以及自我約束和反省的能力。

人的認知長期影響著個人的行為及情緒，現在就考驗一下你的認知。請你認真回答以下的問題：**世界上，有多少人明白你的需要**？五個？兩個？等一等，再想清楚，不要說別人，可能連你自己都不明白自己真正的需要。

試問，你真的需要金錢嗎？金錢只不過是為了滿足你的需要的媒介。但是，現實中很多人將金錢當作追求的目標，即使自己未必知道想用金錢來換取什麼或做什麼，只是一心要積累更多的金錢。金錢是交易的媒介、經濟活動的計算單位，更是每個人在滿足需要時不可或缺的手段。因此處理及積累個人的金錢，對滿足個人的需要起著重大的作用。但是，只有金錢是不是就可以滿足所有的需要？而你在追逐金錢時，有沒有忽略或誤解當中真正的需要？

確定金錢究竟有何用處，可以如何幫助改善生活，達到滿足自己的真正需要，這才是增加財富的最重要目的。例如，從個人或家庭的財富規劃而言，所住的房產是應該用作滿足生活

上的需要，如果為了炒賣而經常轉換住所，或者不切實際地用住所來贏取別人的羨慕，給自己和家人造成太大的財務壓力，破壞生活上的需要，就是本末倒置，很不值得。

如果增加金錢是為了生活得更快樂，那麼你的目標是否要成為世界首富巴菲特般富有嗎？再者，我們的需要並非是單一的，在不同的階段中也會轉變。同樣是一百萬元，第一個一百萬元的意義，遠勝第二、第三個的一百萬元；儲蓄得來的一百萬元和中彩票所得到的，受重視和喜悅的程度亦大大不同；在2007年股市大牛市，恒生指數在32,000點時的一百萬元，和2008年金融海嘯後的一百萬元，作用可以遠遠不同。窮人的一百元和富人的一百元，用途也有很大的分別。

不少人追求財富，只為了達到一個金錢的數目，於是努力去省錢、賺錢，當達到這個數目後，自己的需要卻不一定得到滿足；更可惜的是，在還沒達到這個金錢數目的目標時，一直在為難自己，或錯失了應該要做的事，到頭來人生充滿著遺憾。反過來看，很多人不會儲蓄，只是將錢花在娛樂、消費上，或隨意買一些奢侈品，但最終又是否可以滿足自己的需要呢？年青人只為了金錢去投身某一行業或擔當某一職位，不理會自己的興趣和專長，結果換來痛苦，浪費生命。生命只是一

個歷程，最重要的是滿足自己真正的需要，令一生過得更有意義。很多人都不曾深入了解自己，尤其受到無處不在的消費訊息所迷惑，或受社會中的攀比文化所困，經常將自己的需要遮蓋。所以，**弄清楚自己的需要是投資的第一步。**

佐證一

張化橋，曾在外資投行主管中國研究部十一年、在中國人民銀行總行工作，也曾擔任過中資上市公司的營運總監。他在個人著作中提出以下的建議：

「我看大家太忙了。除了日常工作，每天還要免費為互聯網公司打工幾個小時。我不願意那樣。我主張大家安靜下來，想想自己究竟需要什麼。

1. 我需要把上班的本份工作做好。
2. 我需要花時間陪家人。
3. 我需要足夠的休息。
4. 我需要鍛煉身體。
5. 我要簡化生活：朋友圈子小一點，應酬少一點。
6. 我要留下大量的時間關注我的業餘愛好……這都需要時間。
7. 我要投資。但是，跟一幫像無頭蒼蠅一樣的人一起整天

到處串來串去、高談闊論，這是投資致富的路嗎？我很懷疑。」

他在書中，對中國的經濟及金融發展提出個人的見解，分享自己的投資心得及持有的組合；但他一直強調，每人都應了解自己的真正需要，並要有適合自己的投資理念及方法，而一般投資者吃虧的原因，就是盲目跟風。

在深入探討需要和積極採取行動之間，必須找出一個平衡，能使在相對有限的時間內，發現自己一些核心的需要，然後通過積極學習和改變，來處理自己的需要和生活。探討需要和採取行動之間的關係，並非線性的先後排序，而是螺旋形前進的模式，因為在行動的過程中，你會加深對自己需要的認識。因此，每一個人在財富策劃和行動之前，都必須對個人財富的真正需要進行詳細的分析和深入了解。因為有了自知，你才不會迷失方向，不會盲目追求一些不能滿足自己需要的事情。有了金錢，卻活得不快樂，這算是財富嗎？其實，將財富等同於金錢的觀念是十分狹窄的，個人的學識、經歷、品格、健康、人脈等等也是可貴的財富。

人貴乎自知，如能深入了解自己身處的環境、個人的特性、力量及真正的需要，除了可加強個人的效能感外，更可意識到自己的認知、行為及情緒偏差，從而加以避免。更重要的是，自知能將個人的貪念大大減除，而戒貪的目的是要明白自己不能達到及不應該得到的，並不會勉強及有非份的追求。倘若要有真正的財富，必須擁有建立及增加財富的條件，機會來臨時就可以充份把握。重大的機會並不需要很多，好好把握一至兩個，就可以改變一生——**世間上最重要的投資是認識自己。**

佐證二

從 1990 年代起，日本國內長期執行超低利率甚至零利率政策，這一政策促使掌握家庭財政大權的主婦，從原本靠銀行收取利息的理財方式轉向炒賣外匯。這些婦女眼看把資金儲存於國內銀行，只能收取微薄甚或是零利息，紛紛將資金投向海外金融市場賺取高額回報。以擅長炒外匯孖展著稱的日本主婦投資者，吸引了世人的目光。當時日本外匯孖展市場近三分一的成交量，幾乎都見到她們的操作，在全球外匯市場上可謂呼風喚雨。為了突出這個現象，金融市場給這群主婦投資者一個代名詞「渡邊太太」。「渡邊」是日本人常用的姓氏。

　　渡邊太太的操作方式是日元套利交易，即借入超低利率的日元，投資於回報較高的國外債券或外幣存款，獲取收益後再換回日元償還借款。只要日元不大幅升值，就可賺取比較穩定的匯率和利率差價。日美利差曾在較長時間穩定在5%。2007年8月，日元與澳元利差達到6%，再加上日元貶值，「渡邊太太」的收益相當可觀。

　　下面是以渡邊太太作背景，深入分析她們的N3C（需要、處境、特性、力量）。

渡邊太太的N3C分析

需要（need）	將資金投向海外金融市場賺取高額收益，讓家庭和自己的生活條件可以更好。
處境（circumstances）	日本國內長期執行超低利率甚至零利率政策；日美利差曾在較長時間在5%；日元與澳元利差達到6%；日元貶值。
特性（characteristics）	掌握家庭財政大權；照看孩子、忙於做家務。
力量（capacity）	擅長外匯孖展交易著稱；佔當時日本外匯孖展市場近三分一的成交量。

　　總體而言，作為要長時間照顧家庭和孩子的主婦，她們當然有需要讓家庭和自己的生活條件可以更好；加上，她們掌握

家中的存款，增加存款收入的動機是可以理解的。此外，她們還處於長期超低利率的境況，當她們發現外匯孖展交易的方式很配合她們的時間和在家裏操作的條件，於是認為自己也可以掌握外匯孖展交易的能力。結果，她們的成交量可以超過當時日本外匯孖展市場總成交的 30%。

在考量過個人的 N3C 後，這些婦女如果把炒賣外匯的目標定在增加收入、改善家庭的生活，那麼在操作過程中，就會有清晰的基礎去掌控個人的認知、行為和情緒。例如，她們清楚知道交易資金所可以承受的風險，一定不可以影響家庭的開支，更不可以讓虧損影響到家庭的經濟狀況；交易時間只能定在家務完成、孩子睡了後才進行；交易結果引起的情緒，要懂得好好疏導，避免影響家庭的和諧。

清晰的目標也對交易的策略與技巧起很大的作用，例如，交易時間規定在星期一到星期五，還有定在晚上 10 點到 12 點，這段時間正好是美國開市，也是一天中交易普遍活躍的時候；為了不影響睡眠，每天在 12 點前一定將所有的交易倉位平掉。要學習和改進的交易技巧便應該是很短線的買賣。先分析個人的真正需要，再根據當時的處境、特性和力量，然後制定目標；從不斷的學習，發展出相應的策略與技巧，這樣才是

最適合自己的，以後不斷的改良和進步，投資獲利就可以持續增長。

接下來，再以渡邊太太的其中一個代表人物——鳥居萬友美作背景，分析她的 N3C（需要、處境、特性和力量）的轉變。鳥居萬友美，只有短期大學（一般稱的社區書院）的學歷。她曾經當秘書，婚後做全職家庭主婦，完全沒有投資經驗。可惜婚姻未能維持，但卻體悟到女性經濟自主的重要性。再婚後，開始致力於外匯投資，最初只有 200 萬日圓的資本，短短一個月，資本便暴漲到 470 萬日圓！她只是一位想從外匯中賺取零用錢，卻意外變成了業餘的主婦交易員，從此她的世界為之一變。她在網絡上開設的 FX 博客第七天，就已衝上人氣排行榜第二名；個人收費網絡雜誌 *E-mail Magazine* 在沒有廣告、沒有宣傳之下，出版第三期時，讀者人數已突破一千人，許多雜誌媒體爭相採訪。自此之後，萬友美的人生目標就是：「幫助女性解除在經濟上的不安。」目前一面忙於從事家務、育兒；一面以每月 200% 投資績效為目標而努力。她的官方網站是 http://www.mayumifx.com，網頁橫額寫上：適合 FX 初學者了解的「簡易 FX 解說」。另外，她也著有《炒匯王：賣在最高點》。

鳥居萬友美的 N3C 分析

需要（need）	女性經濟應自主；幫助女性解除在經濟上的不安。
處境（circumstances）	受網絡讀者歡迎與追隨。
特性（characteristics）	願意分享自己的成功經驗。
力量（capacity）	以 200 萬日圓的資本開始，短短一個月，暴漲到 470 萬日圓。

　　鳥居萬友美擁有與渡邊太太群體共通的 N3C，但她的個人需要已不只是增加收入、改善生活，還包括幫助其他女性以外匯投資來解除在經濟上的不安。她幫助別人的理想是崇高的，要支持這樣的理想必須與她的個人特性吻合，如果她個人沒有與他人分享的心態，反而是為了成名後，增加個人在外匯投資外的收入或利益，她的真正需要的轉變，對她的認知、行為和情緒就會起變化。

　　除了要在外匯投資中有好的成績外，萬友美還要關注追隨者的反應；也因為這種處境，如果她的投資方式一時間不奏效，她不但要面對投資成績不理想，更要面對追隨者的群體壓力。當然，如果她確實有分享的特性，也有出色的投資外匯的

能力，加上一群的追隨者，除了滿足她自己增加收入、改善生活的需要外，還加添了幫助女性經濟自主的意義。

但試想想，如果萬友美打算成立基金由自己來管理，她的N3C 將會有非常大的轉變，她要在克服認知、行為和情緒變化的同時，還要顧及基金的表現。不過，萬友美更應該再深入分析自己的真正需要，成立基金是否她的真正目標？

日本經過多年的發展，在一大批富裕的中產階層中誕生了渡邊太太。不過，在 2006 年 7 月日本結束零利率政策後，日美利差逐漸縮小。國際金融危機發生後，美國、澳洲等國家不斷降低利率，失去高息貨幣魅力。再加上，日元成為重要避險貨幣，日元套利交易平倉大量出現，資金流向日元導致日元步步走高，渡邊太太出現虧損。渡邊太太群體 N3C 中的處境轉變，大大影響到她們的投資結果，那麼，渡邊太太也要重新評估參與外匯孖展交易是否可以真正滿足她們的需要。

延伸學習

Gerd Gigerenzer, *Risk Savvy: How to Make Good Decisions*. New York: Penguin Books, 2015.

　　Gigerenzer 是德國柏林普朗克人類發展研究院（Max Planck Institute for Human Development）總監，曾獲 1991 年美國科學促進協會行為科學研究獎（AAAS Prize for Behavioral Science Research）和 2002 年德國年度科學書籍獎。曾任芝加哥大學心理學教授。

Daniel Kahneman, *Thinking, Fast and Slow*. New York: Farrar, Straus and Giroux, 2013.

　　Kahneman，現任普林斯頓大學心理學教授和伍德羅威爾森學院公共事務教授。他在心理學上的成就挑戰了判斷與決策的理性模式，被公認為「繼佛洛依德之後，當代最偉大的心理學家」。他的跨領域研究對經濟學、醫學、政治、社會學、社會心理學、認知科學皆具深遠的影響，被譽為行為經濟學之父，更於 2002 年獲頒諾貝爾經濟學獎。

自我檢討

在增加財富中，我的特性是：

_____

_____

_____

_____

_____

_____

我的力量：

_____

_____

_____

_____

_____

_____

我的處境：

_____

_____

_____

_____

_____

_____

_____

在增加財富中，我的真正需要是：

_____

_____

_____

_____

_____

_____

_____

真正的財富，莫過於身體健康，

心情愉快，自由自在，

希望你在努力以錢賺錢的同時，

也要穩守比金錢更寶貴的財富。

參考資料

Balsara, Nauzer J. (1992). *Money Management Strategies for Futures Traders*. New York: John Wiley & Sons. Inc.

Cialdini, Robert B. (1993). *Influence: The Psychology of Persuasion*. New York: William Morrow.

Kahneman, Daniel (2011). *Thinking, Fast and Slow*. London: Allen Lane.

Mauboussin, Michael (2012). *Think Twice*. New York, Harvard Business Review Press.

Montier, James (2010). *The Little Book of Behavioral Investing: How Not to Be Your Own Worst Enemy*. New York: John Wiley & Sons, Ltd.

Roche, Cullen (2014). *Pragmatic Capitalism: What Every Investor Needs to Know about Money and Finance*. New York: St. Martin's Press, LLC.

Spier, Guy (2014). *The Education of a Value Investor: My Transformative Quest for Wealth, Wisdom, and Enlightenment.* New York: Macmillan Publishing.

Tsang, A. Ka Tat (2013). *Learning To Change Lives—The Strategies and Skills Learning and Development System.* Toronto, ON: University of Toronto Press.

張化橋（2014）。《誰偷走了我們的財富》。香港：天窗出版社有限公司。

鳥居萬友美著、王文賜譯（2013）。《炒匯王：賣在最高點》（完全圖解修訂版）。台北：易富文化有限公司。

《投機全攻略 —— 達到長期的正回報》

作　　者　　陳偉民
封面設計　　飯氣攻心
封面圖片　　shutterstock

出　　版　　策馬文創有限公司
電　　話　　(852) 9435 7207
傳　　真　　(852) 3010 8434
電　　郵　　ridingcc@gmail.com
出版日期　　2017 年 9 月初版

發　　行　　香港聯合書刊物流有限公司
　　　　　　香港新界大埔汀麗路 36 號中華商務印刷大廈 3 字樓

承　　印　　陽光（彩美）印刷有限公司

國際書號　　978-988-13348-4-8

圖書分類　　金融投資